高职院校化学教学模式建构

GAOZHI YUANXIAO HUAXUE
JIAOXUE MOSHI JIANGOU

宋萍 著

汕头大学出版社

图书在版编目（CIP）数据

高职院校化学教学模式建构 / 宋萍著. -- 汕头 ：
汕头大学出版社, 2019.7
ISBN 978-7-5658-3557-5

Ⅰ. ①高… Ⅱ. ①宋… Ⅲ. ①化学－教学模式－教学
研究－高等职业教育 Ⅳ. ①O6

中国版本图书馆 CIP 数据核字(2018)第 058185 号

高职院校化学教学模式建构
GAOZHI YUANXIAO HUAXUE JIAOXUE MOSHI JIANGOU

著　　者：宋　萍
责任编辑：汪小珍
责任技编：黄东生
封面设计：金李梅
出版发行：汕头大学出版社
　　　　　广东省汕头市大学路 243 号汕头大学校园内　邮政编码：515063
电　　话：0754-82904613
印　　刷：北京市天河印刷厂
开　　本：710mm×1000 mm　1/16
印　　张：8
字　　数：110 千字
版　　次：2019 年 7 月第 1 版
印　　次：2019 年 7 月第 1 次印刷
定　　价：40.00 元
ISBN 978-7-5658-3557-5

前　言

近年来，随着社会的快速发展，教育事业受到了社会各界的高度关注。教育设施不断地完善，各种创新教育教学方法也不断地涌现，为发展教育事业，培养高素质、高技能的应用型人才打下坚实的基础。高等职业教育作为当前最重要的教育手段之一，为社会发展贡献了大批实用型、复合型的技术人才，但是高职教育由于其生源的特殊性，学生入学质量相对较弱，学习成绩参差不齐，对高职教育教学提出了严峻的挑战。尤其是高职化学教学，作为一门基础性学科，化学教学的目的是培养学生分析问题、解决实际问题的能力，但是由于其实践性较强、概念多，学生对于化学的学习没有明显的乐趣，给化学教学带来了较大的困难。

高职化学是高等职业院校食品加工、化工、医学等领域的专业课程，而高职化学教师经常采用传统的教学模式，教学效果十分不理想，从而导致很多学生严重缺乏学习化学课程的积极性与主动性。化学专业知识最终要服务于实际的社会生产，并在社会生产中创造相应的经济效益，因此，新时期的高职化学教学，需要针对时代的要求进行教材内容、教学方式、教学目的等方面的改革，运用多元化的教学方式、灵活的教学评价方式，以取得良好的教学效果。

本书对高职院校化学学科的主要教学模式及其构建问题做了详细的分析，内容主要涵盖以下几个方面：第一，高职院校化学教学现状、反思及措施；第二，高职院校化学主要教学模式的构建问题，如探究式、项目式、多媒体式、分层式以及翻转课堂模式等；第三，素质教育视野下高职院校化学教学模式的构建问题；第四，高职化学教学的创新性发展问题。

本书由毕节职业技术学院宋萍所著，由于作者时间与精力有限，书中难免存在不足之处，敬请各位读者与同行批评指正。

目 录

第一章　绪　论

第一节　高职院校化学教学现状分析

一、课程设置不合理，过分强调课本知识，忽略了课本知识框架的整体性

高等职业院校的化学知识比较复杂，很多在课堂上无法完全讲解明白，必须依靠其他辅助手段才能让学生完全理解。此外，很多课本知识只是让学生记住课本的单个独立的知识，没有较为全面的系统框架作为支撑，学生学起来感觉非常吃力，产生严重的厌学情绪，导致课堂教学效果不理想。

同时，高等职业院校的化学教育中设计的知识点比较多，中职或高中上来的学生因为原本的学习内容以实用为主，很少涉及对困难知识点的深入分析，所以在学习中会难以理解。

二、教学方法单一，仍然沿用高中时代教师为主导的教学模式

高等职业院校因为受到中学的影响较深，教育方法还是沿用传统的老师为主导的模式。在课堂上，老师主要传授给学生知识，没有教给学生研究问题的方法、思考问题的方向，导致学生被动地接受灌输的知识，而且由于课后学生没有被严格要求复习，所以学生对化学有关知识的接受量很小。

另外，教师在教学时，单纯地照本宣科，没有对课本之外的知识的延伸，更不能结合学生身边的事进行精彩的讲解，造成听课的学生昏昏欲睡，没有积极主动性，老师的辛苦也得不到学生的认可，达不到培养人才的目的。在教学中，老师仍然沿用原来的惩罚措施，这些办法不仅得不到好的效果，反而会增加老师与学生的矛盾，对教学氛围造成不良的影响。

三、对实验教学不够重视，整体内容不够完善

我国高等职业院校教学质量的评比，目前仍然沿用参照学生的考试成绩来进行判断的方法，导致高等职业院校的教师为了应付考试，把学生培养成一个个擅长考试的机器，而不会独立思考，这就造成高等职业院校教育的本末倒置，无法培养出适应社会发展需要的人才。另外，在我国高等职业院校中，很多学校领导由于轻视教学实训，没有给学校配备相关的教育教学器材，即使有的学校有此类设备，整体数量与学生需求量也严重不符。

四、教材建设滞后

高职院校要培养出知识够用、重技能、重实践的高级应用型专门人才，就必须选用优秀的教材。虽然近年来高职院校化学教材用的都是"21世纪"教材或国家规划教材，但教材内容要么是按照本科院校的教学模式进行编排，要么是简单罗列几本书的内容，根本没有体现出高职教育教学的特点，更不用要求教材内容新颖、具有时代性。例如，《有机化学》大部分采用综合类的教材，《无机化学》多采用工科的教材，《分析化学》也可能来自综合类与工科化学中某一部分，其结果必然会影响高职院校的人才培养质量。

第二节　高职化学教学改革

一、高职化学教学改革的原则

（一）素质教育原则

高职教育是职业教育中的高层次教育，高职教育的目标主要是培养面向生产、建设、管理的技术实用型人才。在现代知识经济大潮当中，化学教学工作首先要抓好基础理论知识教学，其次要不断提高学生化学专业综合能力素质，把以化学知识教育为主的教育工作逐渐转变为以素质教育为主，以满足现在经济社会发展的需求。

（二）结构优化原则

要克服高职教育化学教学的不足，传统的教学工作仅采用普通高等教育的模式，主要是以学科为教学指导中心，片面地追求化学理论知识的完整性、系统性，从而严重影响了化学专业学生实验技能的培训。学校要树立适应时代发展的教育观，培养适应当前我国社会经济高速发展所需的高素质人才，设计高职教育的理论课与实验课、化学课程与教材教法等多方面相结合的课程体系，从而进一步提高高职化学教学的整体效果和综合效应。

（三）可持续发展原则

当前社会和科学技术快速发展，对高职院校人才的要求也在不断地提高。高素质应用型人才既要有扎实的理论基础、熟练的专业技能，还要有技术创新与不断学习的能力。但现在很多高职学校培训的学生现状是理论基础差，自我学习能力和技术创新能力不强，可持续发展的能力低。因此，在高职化学教学改革中，需树立新的理念，在培养高职学生的创新能力方面下工夫，使其能够掌握好并能正确使用学习方法和思维方式。

二、高职化学教学改革的路径

（一）加强重视实验与实践教学

1. 明确化学实验课在高职化学教育中的地位

高等职业教育的定位是培养应用型技术人才，它不同于普通高等教育培养的理论技术型人才，也和中等职业教育的单纯技能型人才有着截然的区别。高职化学实验的改革是化学教学改革的关键所在，如不能尽快地加以改革和创新，就没有出路。

2. 改善实验条件，加强实验管理

在目前的高职院校化学教育中，笔者认为，在教材中突出实践教学是个重要的突破点，而随着实验环节的加强，对实验条件的要求也很高。针对这一特点，原有的仪器设备需不断更新，以便跟上时代的步伐，与现行的实验标准和高科技手段相匹配，这就需要购置新的仪器和药品，用来装备实验室。在实验的安排上，教师必须针对学校开设的专业并适应社会的需求，既要强化化学实验的基本操作，又要突出学生所学专业的特色。

在实验管理上，要落实一套实验员主管、任课教师分管的责任制。所谓实验员主管，就是实验员对所管辖的实验室在学期初接到任课教师的计划后，按计划的要求在实验前配置完各种实验仪器和药品，并有所记录；在学生实验后清点药品，并检查仪器破损和药品使用情况。任课教师分管，是指实验指导教师应对实验班级安排实验预习，进行实验分组，对实验记录认真负责，及时处理实验中可能出现的一些问题。

（二）注重教学过程的互动，充分发挥学生的主体性

要改变以教师为中心，学生被动学习的情况，教师必须创设平等、民主、和谐的教学环境，以知识为载体，构建师生主动参与、共同发展的互动教学模式。在教学过程中，教师是学生学习的启发者、指导者和合作者；学生是教学的积极参与者、促进者。这样，师生才能在交流中实现心灵的对话、情感的交流并获得新知。

1．选准切入点

切入点的选择直接引领着整个教学过程，所以教师要根据不同的教学内容、不同的学生、不同的氛围，灵活把握。充分发挥学生的主体性和调动学生学习的动力。

2．激发学生兴奋点，促进师生联动

这是成功教学的关键，是促使学生主动参与的手段。教师应有意识地寻找并激发学生的兴奋点，积极营造民主、开放的课堂气氛，诱导学生内在的学习需求，点燃学生学习的热情，顺着学生的探索思路，恰如其分地促动，因势利导地调控，使学生积极开拓思维，深入理解知识。

3．培养学生思维的创新能力

教师对学生思维创新能力的培养，要从课内延伸到课外，从知识延伸到能力，使学生用已有知识去理解和掌握新知识，并能动地解决课堂之外、生活之中的实际问题，实现认知的飞跃和升华。

（三）高职化学教材、课程的改革

从目前高职教材总的情况看，虽然有些教材在改革方面做了一定尝试和探索，情况有了一定改观，但总的来说，在教材设计理念上仍然固守学科中心的传统教材模式，教材强调的仍然是知识的学术性，没有从根本上改变原有的传统课程观、课程结构、课程评价体系等。只是在一定程度上，针对高职教育基础课学时大量减少的要求，对教学计划进行重新修订。虽然对教材进行了重新编写，但只是局部的删减，没有考虑在高职化学教学学时不多的情况下，如何按照理论够用、强调能力的培养原则设计课程体系。现行的高职教育注重的是"输出"或"结果"，因此，高职化学教材的结构体系应走出传统教材的模式，走出本科教材的阴影，注重体现技能培养、淡化理论，真正落实理论服务于实践的培养人才目标，应以专业需要为主线，实验教材为主体，实验技能为目标，实验理论教材一体化。

只有所讲授的知识深浅适度、准确系统，突出化学在生活和生产中的应用，才能有助于培养应用型人才。再有，高职院校教师要走出去，深入到企业中去，在企业的生产实际中了解化学专业需要，化学和化工产品的最新市场动态，因为只有掌握了第一手材料才能编写适合自己需求的教材。除此之外还要根据专业需要及时调整教材内容，提高高职教材的实用性。化学课程改革要以联系实际为改革重点，要侧重职业技能培养的特点。对于一般非化工类职业技术学院，化学课程只是文化基础课之一，尽管如此，课程内容设置也应考虑既要面对后续课程的知识"够用"，又要着眼未来社会发展的知识的"适用"。

（四）改进教学方法

化学教学中，即使是理论的讲授，也不应只是重视知识和技能的传授，而应以此为载体，把教学重点放在逻辑思维能力与表达能力的培养上，激发学生的学习兴趣，增强学生学习的自觉性和主动性，以取得良好的教学效果。应改变现有教学模式，采用多变的教学方法，如问题解答式、自学辅导式、讨论式等，多让学生参与教学活动，变教学演示实验为课堂上学生分组操作并进行讨论，通过多种渠道让学生表达自己的见解，在推导中培养学生的逻辑思维与口头表达能力，充分调动学生学习的积极性、主动性。倡导学生主动参与、乐于探究，培养学生搜集和处理信息的能力、获取新知识的能力、分析和解决问题的能力以及交流与合作的能力。这样才能适应企业的要求，为社会培养出"不仅知道该做什么，为什么这样做，还知道如何去做"的真正实用的人才。

（五）通过教学改革加强高职学生职业能力的培养

职业能力是指个人从事某种职业必须具备的，并在该职业活动中表现出来的多种能力的综合，它由知识与技能，思维能力与创新能力，与人合作和交流能力等构成。职业能力是个人立足社会、获取生活来源、谋求自我发展的资本。对于高职学生职业能力的培养，在让其掌握必需的基础知识之外，还应具有较广的知识和适应能力，因为企业都希望能招聘一些逻辑思维能力强且善于表达，学什么都快，做什么也都很清楚的职工，而不是头脑简单、不会思考、不会表达的"机器人员工"。

1. 因材施教，实行分层教学

根据生源类型及学生现有的知识和能力状况，通过入学时的成绩分析和摸底考试成绩，在同一年级里按不同层次编班进行化学教学，以满足不同基础学生需要。对化学基础较差的学生，加强基础教学，放慢教学进度，适当增加学时，确保教学质量，增强学生的自信心；对化学基础好的学生，提高教学要求，采用探究式学习，引导掌握学习规律。实践证明，分层教学，针对性强，充分体现了因材施教，能使各层次的学生不同程度得到提高。

2. 加强实践能力和解决实际问题能力的培养

实践能力是学生运用知识的载体，是学生各种能力的整体显现和实际运用，是大学生整体能力的最终价值体现，因而实践能力是大学生应具备的最基本的能力。为提高学生的实践能力，高职应加强校外实习基地的建设，与多家大中型企业合作，利用其设施、设备等开展实习和实训。在保证理论知识够用的前提下，适当减少理论课的课时，同时增加实践性教学环节的课时。

高职化学教师应在灌输专业知识及技能的日常教学中，帮助学生调整学校中最常见的师生关系及学生关系，不要处于师尊生卑的状态，否则培育出来的学生大多只能陷入盲目服从或固执己见的两个极端中，无法正确处理复杂的人际关系。教师应鼓励学生与人交流和沟通，以正确的方式表达个人的意见及看法，树立独立的人格。同时在课堂这个微型社会中，让学生初步体会到各种利益冲突，帮助学生正确解决师生矛盾及学生之间的矛盾，从一开始就培养学生处理人际关系的能力，使他们真正领悟到人际关系处理中的奥妙。

3．加强学生技能训练与技能创新

专业技术是奠定高职毕业生未来生活的基础。因此，在化学教学中并不提倡教师有问必答，而是培养学生对所学知识，对外来信息的选择、综合、加工及应用能力；并不拘泥于书本知识，而是鼓励学生创造性地解决实际操作中遇到的难题。企业需要大量高技能人才，可采用校企联合的模式，企业为学生提供训练场所，使学生提前融入企业文化，学生毕业优先满足企业的需求，而且通过强化技能训练，毕业时可获得国家职业资格二级证书。

（六）实验教学内容的改革

目前，多数高职院校对于化学实验教学重视程度不够，只重视理论教学。因而造成高职院校化学实验设施缺乏，实验条件差，从而导致高职化学的教学偏向于理论教学，甚至脱离实验教学的情况出现，对动手能力和创新能力的培养重视程度不够。化学教学与化学实验是密不可分的，脱离实验的高职化学教学只会培养出高分低能的学生。

因此，要改变过去实验课可有可无的附属状态，单独开设实验课，从验证性为主的化学实验课教学转变为针对各个专业特点有设计性、可研究性的综合性实验教学模式，减少无意义的传统物质性质检验实验，加强实践技能、以探究式实验培养学生的创新力、以应用型实验提高学生的综合能力。在实验的内容上淘汰一些社会上已经不再使用的实验内容，增加一些较先进的、正在使用的实验。也可以深入企业，从企业人才需求出发，从实际出发，做好学校与企业的人才培养衔接，使化学实验课真正为学生将来就业服务。

（七）课堂教学的改革

1．充分利用信息技术

化学原理及反应机理的学习很多是抽象的、枯燥的，学生往往不易理解。信息技术的应用，能使很多化学概念、化学微观世界、学校无法实现的化学反应变得更加直观及更易理解。课堂教学手段的改变，将化学课堂教学由单一变多样、由无声变有声、由抽象变具体，既便于学生对高职化学的学习，又很好地调动学生学习积极性。

2．改变教学方法

根据高职化学的课程教学特点，灌输式的讲授法势必会造成学生的被动学习，也不利于学生对化学相关教学内容的理解和运用。因此，针对化学学科的课程教学特点，教师可以采取多种教学方法。例如，对于物质结构，学生不易理解，教师可以借助模型或者 PPT 采用直观教学；对于化学实验教师可采取探究式教学法分组进行探讨。

第三节　高职化学教学的反思

一、高职化学教学的策略

（一）高职化学教学改革思考的有效策略

1．创设问题情境，激发学生的认知冲突

高职化学知识和问题不是独立存在的，是与生活和学生的知识基础密切相关的，教师需要通过创设问题情境，引导学生在熟悉的情境中产生对新内容的兴趣，激发学生的认知冲突。例如，在《化学反应中的质量守恒定律》的教学过程中，教师首先用语言激发学生的兴趣，晋朝有个道术高深的人，名叫许逊，相传他能点石（主要成分 $CaCO_3$）成金（Au），老师也可以让学生的兴趣激发。教师变了一个小魔术,事先在手里藏一小块黄铜,用手指捏一块形状相似的石头,在"点石"的时候快速交换,然后"成金"。请同学们判断点石成金的真伪,为什么?学生凭感性经验知道是假的,但是都说不出具体的理由,学生的认知冲突被激发,这时教师书写标题,带领学生走进新内容中。

2. 通过学生实验的手段增加知识的乐趣

化学实验的最大乐趣在于其实践性,学生在实验中借助已有的化学知识进行不断地探索和思考,不断动手操作,不断尝试,增加知识探索过程的体验性,促进知识的自主建构。例如,在《酸碱反应的实质》的教学过程中,教师引导学生动手操作进行实验,思考酸碱是否发生了反应,用什么方法证明这个反应发生了。提供的药品有 NaOH 溶液,稀 HCl,无色酚酞,学生以小组为单位设计实验过程并进行操作。在这样的实验过程中,学生不再是按照教师已经设计好的实验进行机械地操作,观看理论教学中已经得出的现象和结果,而是随着新知识的推动不断探讨的过程,这样的过程充满新奇和乐趣。在学生通过实验验证的基础上,教师又提出问题引导学生的进一步探索,通过以上的实验我们知道酸碱之间发生了反应,那么产生了什么物质呢?现在试管里溶液的溶质是什么?学生对生成物进行不断地探索,通过闻、尝、摸等进行初步的感知,然后通过提取和实验确认物质是盐和水。新课程强调,知识不是由教师告诉学生的,而是学生在已有知识经验的基础上进行自我探索,自主构建的。本节课以实验为推动,学生的实验过程就是新知识的探索过程,学生的能力得到发展。

3. 建立学生主体课堂,鼓励学生积极参与活动

传统的教师中心课堂教学模式,以教师的讲授为主,学生是知识的被动接受者,学生对新知识的学习缺乏积极主动的建构,自然也不会在探究过程中产生问题。知识的学习主体是学生,学生只有经过自主思考、自主探索才能促进知识的动态形成,在动态思考的过程中才能够产生新的疑问,从而促进学生能力的发展。例如,在《晶体的基本类型》的学习过程中,教师首先

借助 PPT 展示生活中常见的几种晶体：金刚石、明矾、水晶和雪花，引出晶体的概念，然后通过几个问题引导学生展开自主探究。问题 1：为什么晶体是有规则的几何图形；问题 2：根据信息，将表中的晶体进行分类，包括 NaCl、干冰、SiO_2、白磷、冰、金刚石；问题 3：在 NaCl 晶体中是否存在着单个 NaCl 分子，符号"NaCl"表示什么意思；问题 4：干冰和冰又是怎样的晶体等。学生以小组为单位选择感兴趣的问题进行自主探索和思考，在合作过程中要求所有的学生都积极参与讨论，时间为 20～25 分钟，在学习后每个小组进行展示，展示过程全员参与，展示的形式由学生根据需求进行多样化设计，借助小组展示促进组间的互动和交流。小组展示后由其他小组进行提问，对问题进一步进行探讨，教师适当给予点拨。

（二）调整教学心态，激发学生学习主动性

高职的学生无论在思想上、素质上、学习上都存在着明显不足。很大部分的学生不是很愿意学，表现出对学习的抵触和恐惧，其中有少部分人会破坏教学的正常学习环境，迟到早退，或者上课睡觉、讲话、开小差、抄袭作业或者不交作业。因此，帮助学生完成知识结构体系的衔接，注意课程之间的自然衔接成为化学教学的首要任务和难点。

教师首先要做的一点就是调整好心态，注意激发和培养学生学习化学知识的兴趣。平时上课经常播放一些有趣的化学视频，并经常一起探讨生活中的化学现象，让知识不再变得那么枯燥，只有充分调动学生的学习积极性，才能使学生思维活跃，积极思考，才能充分发挥学生学习的主观能动性，从而达到较好的教学效果。此外，教师还应在课堂上充分展现自身的人格魅力和专业素质来吸引学生一起探寻化学的奥秘，提高学生学习的兴趣。

（三）改革教学手段，应用多媒体辅助教学

多媒体课件进入化学课堂后，使师生进入了一个更广阔的天地，一个绘声绘色的世界，更加提高了学生学习的兴趣。从宏观和微观方面能更全面地说明问题，在化学课堂教学中具有不可替代的作用。例如，自来水、电镀液的净化过程等，在讲解这个课件时，先播放相关的工厂的全貌及车间内部设备的场景，这样很容易让学生进入这个情境，激发学生对化工生产的兴趣，并能引导学生将书本知识和实践生产联系起来，使学生能在走出校门后，尽快适应生产实践。

（四）注意在化学实验中培养学生的科学素质

在实验中应引导学生逐步掌握科学研究方法。通过化学实验可以培养学生实事求是、严谨求实的科学精神，一丝不苟的科学态度和团结协作的科学作风，这既是探究式学习的必要条件，又是学生全面发展所必需的基本素质。

二、"教学做"一体化教学在高职化学教学中的应用途径

（一）努力构建一体化教学环境

要想在化学教学中有效实施"教学做"一体化教学模式，努力构建一体化教学环境是有效途径。在传统高职化学教学中，理论知识脱离实践的原因是学校缺乏良好的硬件设施和软件设施。因此，学校须努力构建一体化教学环境，改善学校的硬件设施和软件设施，促进"教学做"一体化教学模式在高职化学教学中的有效运用，为教学工作的顺利开展提供保障。学校应该在传统的化学实验室中添置各种现代化的教学设备，例如，多媒体教学软件、投影机、新的仪器和一些实验用的机器等，将传统的化学实验室改造成为现代化多功能实验室。一方面，学生在一体化实验室中将理论和实践相结合，可以自行操作练习；另一方面，教师可以在讲解理论知识的同时，将实际操作过程演示给学生，从而实现理论知识与实践操作的有效结合，有利于学生更加深刻地理解和掌握知识。

（二）积极创建一体化评价体系

要想在化学教学中有效实施"教学做"一体化教学模式，还必须积极创建一体化评价体系。在传统的教学评价体系中，最主要的评价标准就是期中考试和期末考试的成绩，非常单一，无法适应当前教学的实际需求。因此，必须对教学评价方式进行不断创新，积极创建一体化教学评价体系。考试是评价学生学习情况比较客观的一种考核方式，其重要性当然是毋庸置疑的，

但过于注重理论知识的测试，会打击学生学习的积极性，不利于学生综合能力的培养。因此，教师在对学生的学习情况进行评价时，应采用多元化的评价方式，选择贴近实际的测试方式。例如，将学生平时的课堂表现纳入评价内容中，并在实验技能测试中适当加大模拟情景的内容，教师可以结合生活实际合理设置一些障碍，对学生的实验操作能力进行考核等。这样才能真实而全面地反映学生的学习效果，促进学生全面发展。

（三）积极运用多元化的教学方式

要想在高职化学教学中有效实施"教学做"一体化教学模式，就必须积极运用多元化的教学方式。为了实现"教学做"一体化教学目标，教师在实际开展化学教学的过程中，应该充分结合具体课程的实际情况，对教学方式进行合理选择，选择最适合的教学方式来开展教学，并确保教学方式的多元化。以《医用化学》的教学为例，教师在开展这一课程内容的教学时，应该积极采用小组合作学习的教学方式来开展教学工作，使学生在小组合作学习的过程中积极展开讨论，使他们在学习课程的理论知识的同时掌握计算机专业技能，积极运用案例分析、任务驱动以及小组合作学习等多元化的教学方式，实现"教学做"一体化教学目标。

三、高职化学教学中人文教育的实施策略

（一）加强教材的使用

在化学课本当中，合理穿插人文教育，能够让学生在潜移默化当中学习到文化知识。比如，在教授新能源知识的时候，学生大都能够明白我国国内的能源开发非常快速，能源体系分布不合理，对能源的利用率十分低，大大制约了我国社会和经济的发展。通过对节能和减排的讨论，能够有效地激发学生的学习兴趣，让学生意识到这是和我们日常生活息息相关的。在学习食品添加剂时，让学生意识到食品添加剂对我们身体造成的伤害，学生就会有意识地去注意这些问题。这个时候教育学生对自身的膳食进行合理搭配，注意或减少食品添加剂相关食物的摄取，培养学生健康的饮食理念，会获得较

大的成效。教师在进行传统授课的同时，需要结合现代教学资源，比如多媒体、PPT 或相关视频的讲解，都能有效地营造良好的学习氛围，让学生能够投入学习当中，达到人文教育的效果。

（二）加强教师对课程和人文教育的理解

教师个人的专业水平及文化素养，从一定程度上决定了教育教学的发展方向。人文教育要求教师应当从细微之处着手，注意自身的行为。教师在教学的过程当中需要保持积极健康的心态、乐观向上的精神风貌，对学生需要有足够的亲和力，这样才能对学生开展人文教育。

因此，教师需要做到以下几点：首先，需要认识到人文教育在高职化学教学中的重要性，将人文教育融合在高职化学教学中是必然趋势，势在必行。其次，教师需要养成勤读书、爱学习、爱思考和记笔记的良好习惯。同时还可以潜移默化地影响学生的学习态度，让学生养成爱阅读的良好习惯，进一步提高人文素养。最后，需要对教学方式进行改革，这样才能构建更加和谐的师生关系。比如，教师必须把"填鸭式"教学方式改成以学生为主导，学生自主学习的学习模式；将唯一的标准答案改变成有不同的想法和思维，百花齐放的解答方式，一方面能够培养学生的发散思维及想象力，另一方面也能激发学生的学习兴趣，创造良好的学习环境，给学生的学习带来巨大的乐趣，使学生的学习不再是枯燥的死记硬背，而是灵活多彩的主动学习。

（三）合理整合教学资源

要想学生具备较高的科学素养及人文素养，必须经过教师长期的言传身教。具体来说，就是需要根据主体的认知结构和情感需求，对课程内容适当进行优化，使师生合理利用教学资源，共同构建知识体系，这也是教师实施人文教育最直接、最有效的教学方式。化学课程突出的特点就是实验结果较为直观，实验当中趣味性很强，这样既有助于师生关系的和谐发展，更能有效提高学生各方面的能力和素质。

第二章　高职化学探究式教学模式构建

第一节　探究式教学模式的概念及要素

一、探究式教学的概念及构成要素

（一）探究式教学的概念

教学既是一种活动又是一个过程，是教师教、学生学共同组成的双边活动。教育学认为：教学是学校进行全面发展教育的基本途径，是教师教、学生学的统一活动，具有课内、课外、班级、小组、个别化等多种形态。

探究，就其本意而言，是指探索研究。探索是指多方寻求答案，解决疑问；研究是指探求事物的真相、性质、规律等。《牛津英语词典》中对探究（inquiry）的定义是："The action of seeking,esp,for truth,knowledge,or information concerning something;search research investigation,examination."它的中文意思是："求索知识或信息特别是求真的活动；是搜寻、研究、调查、检验的活动；是提问和质疑的活动。"《辞海》（1999年版）中，探究是指"深入探讨，反复研究"。

因此，对探究式教学可以理解为：探究式教学就是以探究为主的教学，即在教师的指导下，学生通过探索、研究的方法进行学习，积极主动地获取知识、发展能力。

基于以上理解，我们认为高职化学探究式教学就是以教师的启发引导为前提，以学生独立自主学习和合作讨论为主要的教学形式，以现行高职化学教材及与专业相关的化学知识为基本探究内容，以学生周围世界和生活实际为参照对象，为学生提供充分自由表达、质疑、探究、讨论问题的机会，让学生通过课内、课外、实验等多种途径，以及个人、小组、集体等多种解难释疑尝试活动，将自己所学知识应用于解决实际问题的教学活动和过程。

（二）探究式教学的构成要素

1．提出问题

探究源于问题的提出，因此，提出问题是探究式教学的核心要素。在探究式教学中，往往以提出问题作为探究活动的开端和起点。问题与疑问不仅是探究式教学的起点，而且贯穿于探究活动的整个过程。问题的来源可以是教师通过启发、引导学生探究而精心设计的问题，也可以是学生独立地发现和提出的问题，还可以是学生从日常生活、自然现象、实验观察中提出的与化学相关的问题。

2．收集证据

为了解决提出的问题，必须收集解决问题所需要的证据。在探究教学活动中，学生可以利用已有的知识经验、教材、观察、实验等收集证据，可以运用报刊、网络等途径查阅资料和收集信息，还可以通过教师创设可探讨的情境来获得相关的证据。

3．形成解释

学生在收集证据的基础上，通过分析、综合、类比、归纳、推理等思维活动，对提出的问题进行回答，形成解释。形成解释是指学生能够将收集到的证据与已有知识联系起来，超越已有知识从而产生新的认识、形成新的理解、提出新的见解、达到新的领悟。如果说收集证据是一个量变的过程，那么形成解释则是一个质变的过程，可见形成解释是探究式教学的重要因素。

4．评价结果

在形成解释的基础上，进一步对探究结果进行评价。这一环节不仅能对探究结果进行检验，而且能够激励学生勇于探究并培养学生的探究能力。对探究结论的评价可以是教师的评价，也可以是学生的自我评价。教师的评价应注意不应过分看重探究结果，而应重视整个探究过程，只要能使学生在探究过程中获得探究的经验，只要有利于学生探究能力的发展，教师都应给予高度的重视，并给予积极的鼓励和肯定。而学生的自我评价则能活跃课堂气氛，促使学生积极主动地去探索、去思考。

5．交流发表

交流发表是探究式教学中极为重要的一环。学生能在交流和论证中学到许多新知识和新信息，在交流发表中提高自己的表达能力，在交流发表中解决探究过程中遇到的困难。同时，某同学在发表自己的解释时，也为其他同学提出疑问、检验证据、找出探究中存在的问题提供了机会。

二、在高职化学教学中采用探究式教学模式的必要性

（一）兴趣培养需要探究式教学模式

探究式教学模式的实施需要学生进行小组合作，通过分组合作可以激发学生的自主学习兴趣，提高学生的学习积极性，充分发挥以学生为本的教学要求，促进教学理念的转变。同时，在合作探究学习过程中，学生的理解能力、合作意识和创新能力会得到提升，同时他们解决问题和分析问题的能力也会提高，这就为学生的兴趣培养做了较好的铺垫。

（二）教学效率的提升需要探究式教学模式来实现

探究式教学模式是近年来兴起的一种新型教学模式，它是时代发展的必然产物。传统授课模式一般是教师纯文字性地讲课，学生一味地听课，时间一久非常容易产生厌倦，再加上化学课程具有一定的枯燥性，这就不利于学习效率的提升。而分组探究学习避免了这种状况，充分发挥了学生的主动性，将被动学习转化为主动探究，避免了死板的授课模式，极大地节省了课堂时间，有助于促进课堂效率的提升。

（三）探究式教学模式有助于学生思维扩散，提升学习能力

针对某个问题或知识点进行探究，不仅能够培养学生质疑和存疑的解题习惯，而且对于促使学生进行换位思考也具有重要作用，这就无形中为学生思维的扩散提供了条件，提升了学习效率。

另外，探究式教学模式鼓励学生从生活实际出发对问题进行思考，这就无形中将教材内容和生活实际相结合，提高了学生的实践能力，为学生学习效率的提升提供了条件。

第二节 高职化学探究式教学的作用

一、有利于培养学生的创新意识和创新能力

在化学探究式实验教学中，教师让学生通过"提出问题—猜想与假设—设计实验—动手实验—分析结论—反思与评价"的科学探究过程，去体验科学探究活动。让他们在设计实验与操作实验的情况下，潜力得到充分发挥，思维更加活跃，激发学习化学的兴趣，进一步培养其创新意识和创新能力。

二、有利于培养学生严谨的科学态度

在化学探究式实验教学中，学生能够了解和学习假说、观察、实验、分析、比较、判断、归纳、概括等科学方法，这样不仅使学生能掌握科学知识，而且能掌握科学的探究方法，形成和提高科学探究能力，培养严谨的科学态度。

三、有利于培养学生的问题意识和解决问题的能力

化学探究式实验教学从一开始就把目标指向学生的问题意识的培养，在探究实验中，学生通过发现问题、提出问题、提出解决问题的设想、收集资料、分析资料、形成假设与求证结论等环节的学习，不仅能培养问题意识，更能培养发现和解决问题的能力。

四、有利于培养学生学习的自主性

化学探究式实验教学是以学生自主探究活动为中心的，从选择实验课题到动手实验、得出结果，都由学生自己做出判断，主动地获取知识，教师只起指导、组织和协作的作用。因此，探究式实验教学能真正体现出学生的自主性。

五、有利于培养学生实验的过程性

化学探究式实验教学的实施过程，让学生通过实验探究来学习化学知识，在探究过程中获取知识，做到知识和过程相统一，强化了学生的过程体验。不论失败还是成功，对学生来说都是财富，是一种教师无法用语言表达出来，无法用黑板、粉笔描写出来的感受和体验，这就是科学探究过程的本质所在。

六、有利于充分发挥学生的主体作用

化学探究式实验教学与传统教学最大的不同，就在于学生不再是一味听教师讲、看教师做，而是在足够的时间和空间范围内，由自己来确定时间的分配，进行方案设计并进行实验操作，对实验的事实加以分析并得出结论。在这样的学习氛围中，学生能真正感受到自己是学习的主人，是课堂教学活动的主体。

第三节　高职化学探究式教学的程序

一、教师提出学习目标，创设一种问题情景，激活学生的思维

问题既是化学探究性教学的起点，也是学生学习和思维的开始。要积极引导学生质疑思辨，不断创设问题情境，让学生探索解决问题的途径。要采用各种教学手段，最大限度地调动学生感知器官，激起学生高度的学习兴趣和最大限度的注意力，连续不断地启发学生积极思维，促使学生真正主动地"跳一跳，摘到桃"，这才是真正的现代教学观。这就要求教师深入研究教材，精心设疑布阵，创设出能够激起学生兴趣的情境，以营造探究的氛围。教学中巧问巧诱是营造这种氛围的最好方法，因此，教学中要问得恰当，问在知识关键处；还必须掌握坡度，问在难易适中处；更应选准时机，问在教学当问处。造成学生感到时时有问题可想，促使他们，对此思考，设想种种解决方案，从而使一系列复杂的心理活动在学生的大脑中展开。除巧设疑问

外，教师还应对学生的回答给予及时的评价，并给予不同水平的学生以受表扬的机会，以激其情，奋其志，使他们的思维水平及探究能力都能不断提高。

比如，在实验教学中，应鼓励学生对实验装置、实验操作、实验现象、实验结果大胆质疑，积极思维，并积极地去探索疑点，研究疑点，解决疑点。以"氯水中主要成分检验"为例，其教学过程可设计如下：

第一步：设计问题情境。提问：氯水中都含有哪些主要微粒？如何检测其中的各种微粒？各应观察到什么现象？

第二步：学生收集资料（看书及有关参考资料），找出研究的方向和实施操作过程。经学生讨论，得到氯水中含有 H_2O、CL_2、$HCLO$、H^+、CL^-等微粒的结论。同时提出 CL^-离子检验用 $AgNO_3$ 溶液，现象为白色沉淀，H^+离子检验用石蕊试液，石蕊试液变红。CL_2 和 $HCLO$ 分子检验，由于受所学知识限制，学生一时难以提出方案。此时教师适时引导学生先检验出 CL^-离子和 H^+离子，让学生实施操作。学生甲检验 CL^-离子的存在，取少量氯水置于试管中，向其中滴入少量 $AgNO_3$ 溶液，结果看到有大量白色沉淀生成。证明氯水中确含 $C1^-$离子。学生乙检验 H^+离子的存在，取少量氯水置于试管中，向其中滴入少量石蕊试液，结果没有出现溶液变红现象，大大出乎同学预料。此时有的学生质疑："药品正确否？操作正确否？"，教师适时引导指出，药品和操作均正确，但可否改换操作顺序，即让这位同学反过来做这个实验。取适量石蕊试液置于试管中，向其中逐滴加入氯水，结果看到刚开始滴入氯水时试管中溶液立刻变红，可是当再滴数滴氯水时，溶液的颜色逐渐褪去，同学们对此更加好奇。但已可得到结论：氯水中含 CL^-、H^+，同时得到疑点：是什么原因导致溶液颜色褪去？

第三步：指导学生运用书本、资料等有效信息解决问题。让学生通过看书，查阅资料找出出现上述现象的原因。原来氯水中的 $HCLO$ 分子具有氧化性，能漂白一些有色物质，导致石蕊试液褪色。在这一教学过程中，学生始终处于探究发现新知之中，从而极大地激发了学生对学习兴趣和求知欲望，创新精神和创造性思维能力也得到培养和提高。

二、引导探究

　　学生起初不知道如何探究，没有探究的技能和经验，甚至不知如何假设、求证，这就需要教师引导、示范。根据奥苏伯尔的"先行组织者"策略，在问题情境中调动学生的先前知识经验，指导学生分析问题、寻找资料、提出假设，按照探究的程序一步步向解决的方向逼近。

　　探究式化学实验功能的体现，不仅仅在于获得所谓的"正确"实验结论，更重要的是使学生经历和体验获得实验结果的探究过程，只有亲身经历了这样的过程，学生才能对什么是科学，什么是科学实验有深刻的理解，才能在这样的过程中受到科学过程和科学方法的训练，形成科学的态度、情感和价值观。

　　不重视过程的实验等于把生动活泼的化学现象变成了静止的某个预期的"结论"，何况这个"结论"学生从教师的表演实验和书本上早已知道，没有悬念，引不起学生的积极思维，没有发现的快乐，感受不到科学的魅力。

　　同时由于结论和书本所叙的或理论所推测、所预期的完全一致，教师无须为解释或探讨学生在实验过程中所发现的新的或未曾预料到的化学现象进行思考，因而使学生失去了许多了解或理解化学的机会，更遗憾的是使学生丧失了科学研究所必需的信念、方法、乐趣、情感。

　　学生是学习任务的主要承担者，放手让其独立思考，发表自己的见解，在小组合作中讨论、争辩。由于个人的知识经验的不足，对问题的理解不一致，而争辩中可能把问题看得更全面，获得深刻的理解。教师作为学生学习的高级合作者，问题的咨询者和解答者，提供背景知识，引导学生产生解决问题的思路方法，而不代替求解。如实验室甲烷制备中，其制备原理、实验条件、收集方法，是否要干燥，如何检验等，教师可以以问题的形式给出，帮助学生思考。

三、结论及评价

化学探究教学中注重让学生经历探究过程，学习探究方法，也注重探究的结果。结论往往是要掌握知识点和规律性的东西，是进一步学习的基础，因而对结论要求准确无误。如何获得正确的结论呢？除了个人探究、小组合作交流外，还要有包括教师在内的集体评价。通过展示个人或小组的学习结果，互相评判优点与不足，找出错误加以纠正，从而养成尊重事实、尊重科学、尊重规律的科学态度，在评判中相互接纳、包容、互相学习、互相促进。

四、反思与应用

化学问题经过一番求解得出结论，整个过程是否有不妥当之处？如果有，如何改进？反思的过程也是检验的过程，寻求更好答案的过程。

学习知识就是为了应用，应用于问题解决之中才能显出知识的价值，也才能使知识转化为能力，变成智慧技能。同时，在应用中使知识前后相连，构筑成知识链、知识网，使孤立的知识变成统一的、灵活的知识结构，从而在使用时便于提取，提高认知灵活性。

第四节　高职化学探究式教学模式的设计

一、化学探究式实验教学目标的设计

目标包括：实验知识技能目标、实验探究能力目标、情感态度与价值观目标。

二、化学探究式实验教学内容的设计

对于化学探究式实验教学内容的选择，我们应该从教学目标的角度、知识经验的角度、认知发展水平的角度、生活与社会实际的角度及可操作性的角度对教学内容加以确定。

三、化学探究式实验教学媒体资源的设计

探究式实验教学设计中媒体的含义比较广泛，主要是指包括语言、文字、粉笔和黑板等所谓的传统媒体和现代电子媒体在内的一切媒体。具体来说，媒体选择的标准有以下几方面：

第一，教学媒体的使用必须服务于实验教学的整体目标。

第二，要以实验教学对象、教学内容的特点为出发点。在选择教学媒体时，要始终把学生放在中心地位，使学生的积极性、主动性得以充分发挥。

第三，根据媒体的特性选择恰当的教学媒体。

四、化学探究式实验教学设计的类型

可以按照化学实验探究的内容进行分类、按化学实验探究的形式分类、按化学实验探究的目的进行分类。

五、化学探究式实验教学方法和步骤的设计

化学探究式实验教学方法和步骤包括创设问题情景、收集资料处理信息、设计探究式实验、验证假设实验探究、解决问题讨论探究、激励评价实践探究等六个方面。在每一个步骤中都应体现出上述所提到的教学设计原则。

第五节　高职化学探究式教学模式的具体应用

一、在化学理论课程中应用探究式学习方法进行教学

由于化学教学自身的特点，在教学过程中教师需要根据实际情况进行基础知识教学的调整。化学知识主要涉及物质的性质，以及在化学变化的作用下进行有规律的变化，它与生活息息相关。这就要求教师在进行理论教学过程中针对专门的知识进行系统的介绍，帮助学生更加了解生活中涉及化学的领域，为今后走向社会打下基础。另外，化学科目与环境关系十分密切，在

教学过程中教师要向学生进行环保方面知识的介绍，提升学生的环保意识，积极地为树立学生良好的化学应用理念打基础。例如，涉及工业化学污染和能源危机等方面的知识。这样的教学理念不仅能够满足当前绿色化学的要求，同时能够使学生根植环保的思想，极大地提升学生的综合素质水平。

化学主要是对物质的变化规律以及物质的性质进行研究，高职院校的学科大多具有较强的实用性，尤其是化学学科，与人类的生活和生产有着密切的关系，化学老师在教学过程中要将化学的实用性充分展现出来。随着社会和科技的快速发展，我国化学研究领域也越来越广，并且出现了一系列的变化，如环境污染、资源利用等。这些既是当前化学领域需要研究的内容，也是当前社会的热点，备受人们的关注。

化学老师在进行化学教学的时候，要对相关的化学理论进行深入的研究，在研究课题的选择上要高度重视，确保选择的课题既满足目前社会对于绿色化学理念的需求，又能让学生可以从研究过程中学习到一些实质性的内容，譬如能源利用、环境污染等。需要注意的是，化学老师在课题选择上不仅要深入研究相关的化学理论，还要考虑到学生的专业特点，尽可能保证学生研究的内容与专业知识相吻合，这样既能激发学生的研究兴趣，又能提高学生的专业技能。

二、将探究式学习方式结合在化学实验教学中

高职化学教学过程中除了进行化学理论知识的传授、绿色化学理念的培养外，还要配合一定的实践活动课程，为学生提供试验需要的设备和场所。通过理论知识来指导学生进行试验活动，教师要将探究式学习方法引入到实验教学中。通过实验教学，学生可以将平时学习中掌握的理论知识通过实验进行操作，证实理论知识的真实性，加深学生对于理论知识的理解程度。通过这样的探究式学习既能帮助学生提升学习兴趣，激发学生的学习热情，也能够激发学生探究真理的兴趣。

此外，在化学实验课程中，我们可以尝试较为科学的试验模式课程，遵

循实验到推理然后再实验、再推理的教学试验模式，将理论、试验结果进行充分的融合。通过这种教学方法，我们可以积极地引导学生探索实践，获得属于自己的实验心得，加深对于理论知识的掌握、理解。在实验的过程中，学生能够接触很多化学药品和实验器材，能够对实验的内容有一个充分的了解。

化学实验教学是化学课堂教学的重要组成部分，在一定程度上来说，化学研究性学习就是对化学实验进行研究。因此，在化学实验教学过程中，应用研究性学习非常有必要，也十分重要。学生是化学实验教学活动中的主体，化学老师起到一个辅助性的作用：

第一，化学老师的辅导。研究性学习是一个注重培养学生自主学习能力、创新能力和实践能力的教学模式，在这个研究过程中，化学老师既是一个指导者、参与者和组织者，也是一个学习者。老师要把握好分寸，既不能事必躬亲、大包大揽，抑制学生的积极性和主动性，也不能不闻不问，完全充当一个旁观者，任由学生盲目地开展实验活动。教师在研究性学习过程中的作用就是激发学生的研究动机，让学生保持研究兴趣和研究热情，同时还要进行适当的指导，给学生的研究指明正确的方向，当学生在实验过程中遇到一些难以解决的技术性问题时给予一定的帮助和指导。例如，在研究"酸雨对不同金属的腐蚀程度"这个实验中，学生不可能运用真正的酸雨进行实验，这时老师可以指导学生使用不同浓度的酸性溶液代替酸雨。又如，在研究"水果蔬菜中残留农药的危害以及去除办法"这个课题的时候，学生因为能力有限，不知道如何去设置实验条件，这时老师可以给学生传授"正交试验法"等方法和相关理论。

第二，学生自主研究。单个学生无法完成很多化学实验，这时老师可以将全班学生分成若干个小组，采取小组合作教学模式，组成能力互补型实验小组。学生可以通过上网查阅资料、去图书馆查阅资料等途径，对研究的课题进行深入的研究，设计科学的实验方案，并建立相应的实验模型，根据实验方案开展实验准备、社会调查，从实验中获取相关数据，一起讨论分析，最后形成一个初步的结论。再将实验结果反馈给化学老师，在化学老师的指导下对实验进行调整和优化，从而获得最佳的实验效果。

第三章　高职化学多媒体教学模式构建

第一节　高职化学多媒体教学的优劣势

一、高职化学多媒体教学的优势

（一）多媒体教学可以激发学生的学习兴趣

传统的教学活动是由教师、学生、媒体三个要素构成的，缺一不可。多媒体教学的最大优势在于能够将传统教学中单一的文字、繁杂公式的导出或复杂图表等所呈现教学信息的形式转变为多媒体形式，从而克服传统教学中文字呈现信息过于抽象的问题。同时，以生动具体、形象逼真的虚拟情景，把抽象的信息内容转变为具体的形式再现给学生，使学生更容易理解，实现轻松愉快的学习。

（二）多媒体教学可以开阔学生的知识视野

化学是一门以实验为基础的学科，在知识的传授过程中涉及大量的仪器及实验操作。在学校经费不足、分析仪器缺乏或仪器陈旧的情况下，可以从网上下载大量与教学内容相关的仪器图片，这样能够使学生形象直观地看到各种最新的实验仪器的形貌以及实验的基本流程，既满足了教学的需要，也能让学生直观地了解到当前实验仪器的最新发展，在一定程度上开阔学生的视野。

（三）多媒体教学可以提高学生的学习效率

多媒体教学中，由于教师使用了电子课件，从而节约了大量板书、画图的时间，因此大大提高了信息输出量，加快了课堂节奏，增大了课堂密度，提高了教学效率，使教师有更多的时间与学生交流。多媒体技术以其鲜明的直观形象，能够加深学生对学习内容的理解，而且能促进学生的思维积极性，从而使教学化繁为简、化难为易、化抽象为直观，有效地提高了学生掌握学习内容的效率。同时，也降低了粉笔灰尘对师生身体健康的危害。

二、高职化学多媒体教学的劣势

（一）削弱教师的主导作用和个性风格

传统的课堂教学不管采取何种教学方法，教师始终是课堂教学的绝对支配者，始终处于主导地位。有些教师一味追求教学手段的"绝对现代化"，忽视多媒体技术运用的必要性、合理性原则，很可能使多媒体在课堂上"喧宾夺主"，使教师沦为放映员一样的角色。有些教师虽然热衷于大量地使用多媒体技术，但自己不会制作，从网上下载一些软件简单拼凑，或干脆买现成的教学软件，长此以往，整堂课上不但教师的教学思路被多媒体所左右，失去对课堂教学的主动控制能力，而且由于自己的教学特长和风格不能得以很好的发挥，原本处于优势的个性化教学风格被多媒体的演示程序所淹没，出现了弄巧成拙的局面。

（二）多媒体模拟实验在实现课堂效果方面有诸多不确定性

化学是以实验为基础的一门学科，演示实验在化学教学中占有举足轻重的地位。多媒体模拟实验虽然在某些方面表现出了一定的优势，但跟实际演示实验相比，仍然存在不少缺点和弊端，给实验教学功能的实现增添了不确定性。有些演示实验原本可以让学生参与其中，师生配合演示，一旦改为模拟演示肯定会缺失这样的环节，使学生失去了亲身参与实验操作、培养动手能力的机会；有些模拟实验过程进行得很快，没有给学生思考交流的机会，使实验演示流于形式。所以如果一味地用多媒体课件模拟实验，非但达不到预想的教学效果，还可能使学生养成不尊重客观事实、不理解化学本质、不愿动手做实验的不良习惯，完全违背了实验教学的原则。实验的教学功能无法用其他媒体替代，能利用实物完成的实验，就不要用模拟方法来代替，只有将两者取长补短，恰当结合，才会取得预定的、明确的教学效果。

（三）助长了学生的思维惰性，不利于学生创新思维能力的培养

多媒体技术的主要优势在于能够利用多种信息传输手段形象直观、有效地展现化学信息，但教学过程处理得过分形象、直观，过分依赖多媒体的展

示功能，会抑制学生的思维潜能，极易使学生形成惰性和单向性的思维，影响其思维的深刻性、发散性和均衡性发展，对培养学生创新思维能力十分不利。多媒体教学过程由程序设计控制，模式固定死板，过程进行得很快，将化学内容描述得过于极端，学生没有了思考的时间和空间，只能机械地、被动地接受知识结论。高职化学中理论推导和理论性应用题目所占比重比较大，这些内容包含的抽象思维的成分多，需要学生充分发挥想象力和思考力，这正是培养学生创新思维能力的良好契机。而利用多媒体方式教学，推理分析的任务基本上由多媒体按程序完成，学生自然就会淡化或者放弃对问题的主动思考，思维能力显著降低，甚至被封闭。

（四）淡化了情感交流

在传统的化学课堂，无论是教师讲学生听，还是教师在讲台上做演示实验，学生观察思考，师生的注意对象不管是内容还是空间指向均是一致的，这种注意方向上的一致性为师生的情感交流提供了一个有效的通道。在师生间的直接互动中，教师可以及时捕捉课堂教学中的动态信息，根据学生的接受程度以及通过检查反馈的信息及时调整教学节奏及方式。多媒体教学，虽然图、文、音并茂，交互性强，但毕竟是人机交互，人为地阻隔了师生间的直接交流机会，教师的教学语言、肢体语言、表情语言等对教学气氛的渲染作用被弱化。

第二节　高职化学多媒体教学存在的问题

一、过分夸大了多媒体在教学中的作用

多媒体教学只是一种教学手段，只能辅助于教学，而不能完全代替其教学的全部，尤其是传统的教学手段和方法即使是再先进的多媒体教学都是无法达到的。有些在提高效率的同时，带来了其他一些问题，如在运用多媒体教学时，发现许多学生因为"来不及"而不记笔记。由于多媒体教学方式需要不断翻动页面，致使讲授的内容停留时间较短，这必然会造成有些内容学

生还没有理解页面就翻过去了，学生跟不上多媒体教学的进程也不利于学生记笔记。因忽略了学生的接受程度，往往达不到理想的听课效果。在化学理论性较强的知识讲解过程中，涉及较长的公式推导时，这个问题尤其严重。另一方面，多媒体教室通常由面积较大的教室改造而成，而投影仪显示的屏幕大小有限，显示效果也不是很清晰，坐在后排的学生不容易看清课件的字体、图表。

二、过分追求新颖的图片和动画

有些多媒体课件在形式上一味追求新颖，过多运用强烈的色彩、丰富的图片和多变的动画，看起来充分利用了多媒体的特点，事实上分散了学生的注意力，使学生过多地关注多媒体技术的各种展示技巧，效果虽然提高了一些，但投入过大，导致在教学内容的理解、研究和加工处理上增加了不必要的付出，得不偿失。这种华而不实的课件，不知不觉地使学生沉浸于精神愉悦之中，影响了教学效果。除非教师对课堂内容把握得非常好、非常娴熟，否则使用多媒体时很容易导致读课件，而不是讲解课件，从而使得原本应该精彩的教学枯燥无味，这些都降低了教师备课、授课的效率以及学生学习的效率。

三、不利于提高教师的教学技能

规范的板书、洪亮的声音、恰当的肢体语言，包括与学生的眼神沟通和交流都属于教师的基本技能，也属于传统的教学模式中最经典的内容，它能让教师的基本技能在教学过程中得到最大限度的发挥。但是在使用多媒体教学过程中，由于有了音响设备和投影显示，许多教师只坐在电脑前通过话筒进行讲解，而忽略了教师作为主体其基本教学技能的发挥和提高。因此，这种授课方式不利于教师个人的发展，特别是刚走上教学岗位的青年教师，在其教师基本技能还没有熟练掌握的情况下无法得到充分的锻炼。一旦出现停电或多媒体设备出现故障的情况下，无法采用传统的教学模式，授课质量将会受到严重的影响。另一方面，教师在多媒体课件制作完成后，由于课件中一页页的文字已经替代了黑板板书，减轻了备课的压力。压力的减轻容易导致教师对教学的松懈，部分教师照本宣科，语调平淡，无肢体语言；更有甚者在课堂上直接播放有音频讲解的多媒体课件，而不是通过与学生的沟通和交流等方式来提高学生的学习注意力，对学生敷衍了事。

第三节　高职化学多媒体教学的原则和策略

一、高职化学多媒体教学的原则

（一）以实验为基础的原则

化学实验作为化学教学实践中的一个重要环节，对全面提高学生的科学素养发挥着重要的作用。然而，因为空间、时间与技术等客观因素的影响，有些化学实验根本无法在实验室中现场演示，或是能现场演示但效果并不是很理想，而这时若是能有效地运用多媒体这个辅助教学工具，必可起到再现实验过程的作用。例如，在讲授"化学反应速率与化学平衡"这一章节知识时，若是利用多媒体技术就可将那些影响到化学反应速率与化学平衡的各种条件与过程直观地模拟出来，如对于增大了反应物的浓度、气体压力增大、温度升高且加入催化剂后的相关化学反应，现象变得一目了然。这样一来，不仅减少了教师反复讲解的时间，而且对于学生来说可以更加直观形象地了解整个实验过程，从而有利于对相关化学知识的深入理解。

同时，在化学实验中，可能存在着一些比较危险或是可能对环境造成污染的实验，不便于在实验室进行现场的演示。因此，对于这类实验就必须通过多媒体的形式模拟。例如，"氯气的制取与性质""水的电解""点燃没有检验纯度的氢气可能导致的装置爆炸"现象等，教师可有效利用多媒体间这些错误的操作以动画模拟、分步骤、慢动作的形式呈现在学生面前，并把出现操作错误的原因展示给学生看，从而加深学生的印象。因此，在高职化学课堂教学实践中，教师在运用多媒体技术的时候，需遵循"以实验为基础的原则"，根据各个化学实践的内容，将多媒体合理地应用到教学实践中，以提高学生的学习效率。

（二）适度的原则

在高职化学课堂的教学实践中，教师都普遍认为多媒体是课堂的必备工具，故不管教学内容是否需要多媒体，教师只是一味地追求多媒体技术运用所带来的视觉效果。这种看似丰富的教学课堂环境，其实只是一个空架子而已。例如，在介绍相关的金属材料、水、化学的成果等，由于学生对这些信息已经有了一定的认识，只要利用录像或录音等光盘来有效展开教学就可以了，根本就不需要使用多媒体技术。而对于"原子的构成""共价化合物的形成"以及"核外电子的排布"等理论知识，教师若是有效地运用多媒体来突破教学的重难点，则可能收获到意想不到的结果。

二、高职化学多媒体教学的策略

（一）多媒体教学只是教学的辅助手段

多媒体教学只是教学的一种辅助手段，如同课本、黑板、粉笔一样，并不是只要引入多媒体技术，就能给课堂教学带来良好的效果。要科学运用系统思想和方法，重点考虑多媒体教学的过程，通过采用一些音像动画来解决一些传统教学中不易解决的问题，充分发挥多媒体技术的辅助作用。化学课程的特点决定了采用多媒体教学将更有利于教学的进行，幻灯片中写入的应该是一些比较重要的概念、定义、结论以及分析仪器的结构图、流程图等，而大量的中间过程，或者是需要学生自己去慢慢领悟的问题，则完全可通过教师启发式的讲解与板书来完成。

（二）确保教师在课堂教学中的主导地位

多媒体只是辅助教师增大单位授课容量、优化课堂教学结构的一个有效工具。在实际教学中，是否使用多媒体和如何使用多媒体，关键要看是否有利于突出教学重点、突破教学难点，但是否能达到这个目的，取决于教师。多媒体技术是形式，教学是内容，教师一定要处理好内容与形式的关系。形式为内容服务，这是教学的一个基本原则。多媒体作为一种辅助教学的设备，脱离了教师的操纵，就会一事无成。多媒体永远处在被支配的地位，是教师教学活动的工具，要应用于必需之时，而不能为使用而使用。

（三）多媒体教学应与传统教学方式相结合

传统教学中，老师可以通过抑扬顿挫的语调、适当的肢体语言来调动学生的积极性，集中学生的注意力，手握粉笔在讲台上娓娓道来常常更为精彩有效，站在讲台上的老师更容易表现出个人的气质和人格魅力，易感染学生，征服学。教师生教学中不能为了多媒体而去使用多媒体，应针对教学内容采取与之相应的教学方法、方式，合理地综合利用各种教学媒体和手段，把传统教学方式中的精华融入进来，讲课节奏快慢有制，取长补短，互为补充，这样才能取得最佳的教学效果。例如，教师的板书依然是必不可少的，它可以帮助学生建立起关于教学内容的整体逻辑结构，配合课件中精选的难点内容，使学生形成对教学内容的整体印象，提高教学效果。只要教育工作者在教学实践中努力去探索、去改进、去完善，多媒体教学将在教学过程中发挥越来越大的作用。

第四节　高职化学多媒体教学模式的应用

一、合理运用多媒体技术优化高职化学教学

（一）处理好教师与计算机的关系

在高职化学教学中，教师所处的地位和作用远比计算机工具更重要。因为课件在教学中能否发挥作用，以及发挥的程度如何，取决于教师是怎样以适当的方式把它用到教学中恰当的环节，使之成为教学的有机部分，发挥最大的效能。所以，在使用多媒体技术进行课堂教学的过程中，教师应牢牢树立"学科为主"的观念，把握"适时"与"适度"的原则，不能一味地追求形式。切记，计算机多媒体永远是课堂教学的一种辅助手段，绝不能喧宾夺主。

（二）处理好教师和学生的关系

在化学教学中，如果教师和学生都面对机器，缺乏人与人之间直接的、生动的感情交流，久而久之难免会使学生感到厌倦。所以，在使用多媒体上课时，绝不能忽视或违背学生是主体，教师在多媒体与学生之间起主导作用。这就要求教师在安排教学内容和选择教学方法，心里要有学生。选择或制作的课件既要能引起学生美的感受和感情上的共鸣，又不曲解科学知识；课堂上采取教师讲解和多媒体课件交替进行，发挥各自优势；课后一定要由教师或学生讨论等方式进行小结，保持师生之间的直接接触和互动。

（三）处理好两种教学方法的关系

通过多年的化学教学实践证明，传统教学方法与利用多媒体的现代教学方法各有各的功能和优点，不是互相排斥，而是互相补充。正确处理好这两者关系，使之有机地结合起来，将会取得理想的教学效果。比如，讲授以计算内容为主的课程时，教师利用粉笔和黑板就可以做到边写、边讲、边分析，学生能较好地跟着老师的思路走，充分发挥自己的思维能力，举一反三地对知识进行理解。然而若使用多媒体，把设计好的内容显示在屏幕上，既限制了教师的讲授思路，学生又没有思考空间，学生听不懂的地方，教师想补充也只是说说，无法写到板书上，也就刻不到学生的"心里"。所以，这样的多媒体课堂教学，除了应用现代化教学设备外，毫无其他优越性，使学生感觉教师是"为用而用"，只能起到事倍功半的效果。

在讲授"离子键和共价键形成过程"时，教师无论怎样分析讲解，学生总是感到内容抽象、枯燥、难以理解，即使配以模式或挂图加以说明，也只是一些静态的死板的教学道具，花费大量的精力和时间，也很难使学生接受。若采用多媒体手段教学，集声、像、字动态显示，图文并茂、形象生动，达到了抽象内容具体化，微观概念宏观化的效应。如离子键电子的转移、阴阳离子的形成等都可通过多媒体课件表示得清清楚楚，还可通过二维或三维的图像或动画模拟相关离子晶体的结构，使学生有更直观的感受，能较科学准确地理解化学键的实质和特征。

二、高职化学教学中多媒体课件的应用

（一）多媒体教学内容要实用易懂

多媒体的教学内容要通过多媒体软件的层层设计而展现出来。教师在设计教学内容时要注意选择的实用性，不仅要结合高职化学教学大纲和学生的实际情况来确定所选的内容，还要注意内容是否突出了教学重点，是否具有强大的逻辑性。同时，教师应当注意对教学内容的量的控制，要根据学生的接受能力来进行知识的传输，提高教学效率。

例如，在讲到乙醇的时候，对于化学名词，学生在生活中大多不接触，所以一开始很难去理解想象乙醇是什么物质。在正式讲课前，教师可以利用多媒体软件播放一小段关于中国酒文化的影像资料，为学生导入新的化学课程，为学生介绍酒的成分，从而引出乙醇这一新课程。酒是学生生活中经常接触的事物，学生对其并不陌生，甚至还有亲切感。所以，教师在准备多媒体课件时，选取学生熟知的酒来引入新的知识，能够使学生产生学习兴趣，接受和掌握新的知识更加容易，增添学习的信心。

（二）多媒体教学形式要多样有趣

教师在使用多媒体软件进行高职化学教学时，在教学设计上应当多花些心思，为学生提供一个形式多样、生动有趣的化学天地。多媒体课件可以作为一种教学的媒介，将抽象难懂的化学知识通过多媒体的设计直观地展现给学生，让学生在教学过程中加深记忆，深入理解，掌握化学学科的重点与难点，使教师取得一个良好的高职化学课堂的教学效果。

譬如，教师在讲到电极电势时，设计课程安排时将本节内容分成多个教学环节。首先在复习环节，教师可以利用多媒体软件的动画效果，给学生制作演示锌片遇到硫酸铜溶液时发生的反应，看到锌片被溶解、产生新的物质金属铜。通过这个小的动画演练复习了以往的知识，同时引出本节课程的新知识。之后在新课重点讲授环节，教师可以使用 PPT 对这一环节进行编排，对学生进行知识的详细讲解。课程重点知识的讲解应当在平静的环境下进行，

所以教师这时不宜插入太多花哨的多媒体技术。最后在总结归纳学习时，教师可以在网络上搜索与本节课程相符的多个视频短片，将本节课的内容通过多个简短的视频带着学生复习整理一遍，以此来加深学生的学习印象，掌握本节课程的学习重点，使学生真正掌握化学知识，对化学产生学习的热情和动力，促进高职化学的学科发展。

（三）利用多媒体攻克化学教学中的疑难实验

相比传统的教学模式，多媒体教学的优势在于它能够解决传统教学中无法实现的或是实现过程很艰难的化学实验，一些比较抽象的或者难以实现的化学生产过程，可以通过多媒体教学进行模拟与演示，还可以利用反复演示、定格瞬间等方式，为学生创建轻松的实验教学课堂，显著降低高职化学教学的难度。例如，一些大型工业性的生产实施步骤，显然不可能搬到高职化学课堂中，这时多媒体技术的运用为高职化学教学提供了有利的施教条件。像工业工厂制作硫酸，具体步骤是将黄铁矿用高温燃烧，然后生成二氧化硫，在催化剂的条件下，二氧化硫和氧气发生反应生成三氧化硫，三氧化硫通过浓硫酸的吸收反应，最后生成发烟硫酸，这一过程会产生有毒气体，并且要接触浓硫酸，操作中带有危险性。为了能够让学生掌握这一重点，加强对化学实际应用的学习，教师可以利用多媒体资源，将这些无法在课堂中开展的实验模拟出来，在课上播放给学生看，这样也能给学生带来同样的教学效果，有利于突破高职化学教学场地的限制，拓宽学生的化学眼界。

（四）防止多媒体课件的滥用

1. 多媒体课件要防止粗制滥造

尽管多媒体课件辅助教学具有传统的高职化学教学方法所无法比拟的优势，但是不可否认的是，有些教师在化学多媒体课件的制作过程中缺乏一定的专业水准，化学课件粗制滥造，不但在课堂教学中不能起到应有的作用，反而在一定程度上阻碍了学生的思维，使学生在课堂上看个眼花缭乱，真正进行思维状态的情况却少之又少。因此，要想让学生真正从化学课件辅助教学中得到能力的提升，教师就要防止粗制滥造的化学课件走进课堂，要精工细作，选择真正适合学生的资料、真正被学生接受的化学视频、真正和教学内容有紧密联系的化学练习，引导学生进行学习、进行思考，提升学生的化学能力。

2. 多媒体课件要防止滥用

毋庸置疑，多媒体课件帮助教师有效地解决了教学过程中的化学抽象性的问题，因此，多媒体课件所展现出来的诸多优势让教师更愿意使用多媒体课件进行教学。这就不免导致了在化学课堂中多媒体课件运用过多过滥的情况，让学生在整个化学课堂上更多地看到了多媒体课件的演示。学生观看演示的时间多了，教师讲解的时间多了，学生的思索反而少了，主动探究少了，因此，造成了课堂热闹闹、学生懒洋洋的局面。主体地位由学生变成多媒体，使学生的化学思维能力并不能在化学课堂中更好地得到提升。

针对这种情况，教师要认真考虑多媒体课件在化学课堂中的使用情况，让化学课堂中多媒体课件成为课堂的点缀，让多媒体课件出现在学生的思维出现阻碍的时候，让多媒体课件真正成为学生化学思维能力的引导者，成为学生提高化学探究水平、化学实验能力的最好的帮助者。

第四章　高职化学项目教学模式的构建

第一节　高职化学项目教学中师生角色的定位

一、传统的师生角色定位

在我国，传统的教学大多以教师和知识为中心，以控制学习者为基本理念。教师的角色定位为：知识的传授者，人类文化的传递者，学生灵魂的塑造者。学生处于被动的地位，被压制为：被动的知识接受者和单纯的受教育者。学习是复制的、接受的和指令性的。传统教学中的师生角色关系如图4-1所示。

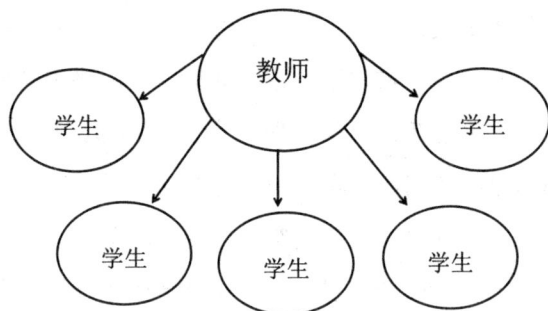

图4-1　传统教学中的师生关系

传统的化学教学中，知识的学习是强制性的，知识的学习追求准确的、标准的答案，注重结果而不注重过程和方法。在课堂上，教师通过讲授，以灌输的方式将化学知识传递给学生，课后布置大量的习题让学生进行操练。老师保持对学生和知识的权威性，而学生也对老师形成了依赖性，学习缺乏主动性，知识的获得只能通过死记硬背来完成。在学习的过程中，师生互动较少。长此以往，师生之间的关系越来越疏远，而学生也会丧失学习化学的兴趣。

二、项目化教学中的师生角色定位

针对传统教学的不足，高职院校采用了项目化教学模式，取得了较好的效果。针对项目化教学的模式，高职院校师生与时俱进，适时地调整了各自的角色定位，教师从知识的传授者成为学生的导师、信息的咨询者、知识构建的促进者和团队的协助者，学生从被动的受教育者成为主动学习者、信息的探究者、知识构建的实践者和团队的协助者、交流者。

（一）教师是学生的导师，学生是主动学习者

在项目化教学中，教师的主要职能从"教"转变为"导"——引导、指导、辅导和教导。在项目化教学实施过程中，教师不是直接讲授基本概念、原理，而是将化学的基本知识、实验操作技能与专业需求紧密结合起来，加以整合，设计成具体的项目，引导学生去多维思考、分析推理、归纳总结。在项目学习中，学生才是真正意义上的"学习者"。为了完成项目，他们能主动和自发地学习，并运用教材、图书馆、计算机、网络和其他技术支持的学习环境，在一起讨论和交流的过程中进行信息分析、处理，展开思维活动。

（二）教师是信息的咨询者，学生是信息的探究者

在项目化教学中，教师更多地只是给学生提供一些信息，如设计、搜索并帮助学生获取相关的教学资源、材料，以支持学生主动探索和完成对所学知识的意义构建；帮助学生对其所收集的信息进行归纳，同时给予一定的方法和策略的指导。在项目化教学中，学生是信息的探究者，能够敏锐地发现问题、自发地提出问题、主动寻求解决问题的方法和探求结论。在项目化教学中，学生充分体验探究、决策、运用问题求解策略的过程，积极、主动并有意义地面对和接纳外界的各种刺激，解决各种问题。

（三）教师是知识构建的促进者，学生是知识构建的实践者

项目教学是教师引导学生对专题结合所学专业和职业生涯进行深入研究的学习方式，它要求教师有较强的创造力和应变能力，要有丰富的化学知识，对学生所学专业的培养目标和职业规划有一定了解。项目活动的开展要求教

师仔细观察每一个学生的学习进展及兴趣发展，掌握每一个学生的特点并设计出个性化的教学方案，帮助学生完成知识构建。在项目教学实施中，学生的学习是一种自主学习，是一种体验学习，通过亲身实践获得直接经验，学生自始至终是问题解决和项目实施的主要承担者。

（四）教师是团队的协助者，学生是团队的协作者、交流者

在项目化教学过程中，一般采用分组的方式进行问题的探究，因此团队的协作精神显得尤为重要。小组成员在教师的帮助下确定项目目标和实施步骤，进而分工协作，展开交流、讨论、总结成果、展示和回报，在协作交流中培养了学生的团队协作意识和人际交往能力。教师应"明察秋毫"，关注团队的合作情况，一旦出现"单打独斗""大包大揽""意见相左"等情况，应及时进行协调，化解矛盾。

三、师生角色转变的体会

在项目化教学中，师生角色应合理定位，建立新型的师生关系（如图 4-2 所示）。教师与学生的交往不再是单向的而是互动的，学生与学生不再是相互竞争的而是相互协作的关系，在完成项目的过程中，通过多种形式，相互进行交流。

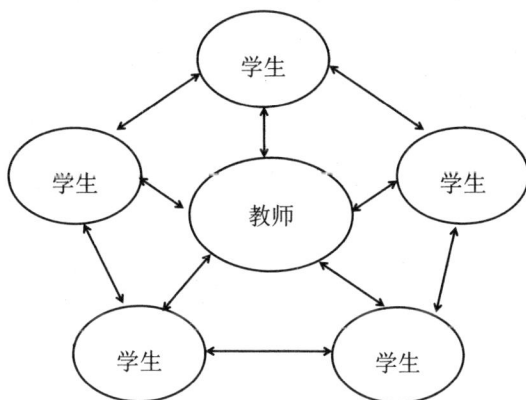

图 4-2　项目化教学中师生关系

第二节　项目教学模式在高职化学教学中的应用

一、以"项目导向"引领，重构化学分析的教学体系

项目教学法是在教师的指导下将一系列的工作项目交由学生实施，在具体的情境中构建专业知识，成就专业技能。高职《分析化学》课程是一门实践性和技能性都很强的学科，应用项目教学法，把课程内容项目化，强调紧紧围绕工作项目组织与实施教学内容，可以突出学生的主体地位，培养分析检验的基本职业能力。

（一）确定课程的能力目标

深入企业进行岗位调研，归纳分析检验工作的主要任务，主要包括取样及样品处理、样品分析、数据处理、试剂保管和仪器维护等。然后针对能力要求进行分类、总结和归纳，形成化学分析课程的三维能力目标体系，主要包括以下几点：

1．专业能力

正确取样、制样，对样品进行预处理；检验产品质量并对结果进行分析评价；正确处理实验数据及准确报告实验结果；正确使用常用分析仪器并进行简单维护；执行实验室各项安全守则，安全、环保地进行分析操作。

2．社会能力

具有良好的沟通能力，主动、热情、认真地进行工作交接；具有严谨的工作作风和实事求是的工作态度；具有一定的组织管理能力和团队协作能力。

3．方法能力

具有通过各种媒体资源获取信息的能力；具有分析问题、解决问题的能力；具有自主学习新知识、新技术的能力；具有独立制定工作计划并实施的能力。

（二）设计课程的教学项目

根据三维能力目标体系的要求，解构原课程，结合现场实际工作案例把

课程重构，体现行动导向教学思想的四个工作项目，即工业冰乙酸主成分的分析检测、烧碱的分析检测、硅酸盐水泥的化学分析检测和乙酸乙酯的质量检测项目。每个项目又可根据学生的认知规律划分成若干个工作任务，而每个工作任务又体现一个完整的工作过程。由于这些项目大多来源于真实的工作情境，涵盖必要的专业知识要点，承载分析检验工作岗位应具备的职业能力，因而能够保证教学项目的有效性和实用性。这种行动导向教学体系完全打破了原有的学科体系，将取样、样品处理、分析试样、计算和报告分析结果等实际操作过程融入每一项教学任务之中，引领学生在做的过程中学会这些操作方法及相关知识，促进学生从被动学习向主动学习转变，教学从教师为主体向学生为主体转变。

二、以"任务驱动"训练，生成化学分析的实践能力

教学设计上主要采用任务驱动学习模式，学生在具体的任务情境中运用已有的知识经验。通过计划、决策、实施、反馈、评价等实际操作过程链接专业知识，完成工作任务，提升工作能力。

第一，创设学习情境，引出问题。教师通过项目介绍给学生创设一个真实的学习情境，激发学生的学习兴趣。

第二，与项目相关的知识和内涵属性，确定解决实际问题的思路和策略。

第三，通过分析标准，掌握方法。结合分析研究项目标准的要求，确定实施的方法，小组合作制定详细可行的工作计划，确定每个人的工作职责。

第四，实际动手操作，训练能力。学生根据自己的工作计划分工协作、动手实验，在项目具体的实施过程中注意规范操作和分工协作，发挥每一个学生的能动作用，让每一个学生都成为项目实施人。

第五，报告分析结果，得出结论。正确记录原始数据，准确报告分析结果，得出结论，并通过张贴板的形式展示出来。

第六，组织自评互评，提升素质。通过学生自评和小组互评以及教师的总评等方式总结知识要点，提升专业能力。

通过以上教学过程，学生参与了任务的全过程，从收集信息、制订计划、做出决策、实施计划、反馈控制到评估成果，学生成为完成任务的主体，教师只是学习过程的组织者、咨询者和参与者。在这个过程中，学生体会到学习的乐趣，明确了学习的目的，掌握了操作技能和学习方法，提高了分析问题和解决问题的能力，体现了课程内容的针对性和实用性。

三、借助自评、互评提升学生的能力

在考核形式上，要充分发挥评价的作用，注重技能生成，强化项目完成过程的考核。主要形式是量表考核，根据项目的能力目标、知识目标和素质目标要求制定考核量表，学生在实施项目的过程中依据量表内容进行自评、互评、师评。在这种生生、师生的评价中，使学生逐渐学会自我控制、自我发现、自我约束，调控项目操作过程，提升专业素质，提高学生提出问题、分析问题、解决问题的能力，更重要的是学会合作、学会交流、学会工作，增强团队意识、责任意识，形成良好的学习态度和习惯。

第三节　高职化学项目教学模式的具体构建

一、教学目标的确定

教学目标是指教学活动所要达成的预期结果，具有指向、激励和标准的作用。任何有效的教学都应该达成相应的教学目标。只有明确目标，才能使"教"有的放矢，突出重点；使"学"有动力，积极参与，共同完成预定教学任务。应考虑以下几方面：

（一）科学教学理念

教学设计理念的确定要以学生为主体、以素质培养为基础、以工作过程为导向，实现教学一体化，具有一定的职业化课程体系特色。对于化工应用性课程，除了采用项目化教学以外，还必须以化工职业岗位群工作任务分析为逻辑起点，对职业岗位工作所要求的能力与相关知识进行分解，重点突出

对学生岗位工作能力和相关知识运用能力的培养。

（二）以岗位需求为依据，确定教学目标

教学的目的是为了让学生胜任工作岗位，为确保学以致用，必须以职业岗位能力作为课程教学目标的重要依据，要按照实际工作岗位对能力的要求来确定学生应该会做的项目以及评价项目的标准。这样，一方面可以使学生感到学有所用，调动其想学的强烈意识；另一方面可以增强其必学必会的责任感，从而使教与学密切配合，实现预期的教学效果。

二、构建课程体系，设计教学流程

课程设置应该坚持职业性、应用性、实践性。以技术应用能力为主线，突出能力与素质的培养，以企业需求来构建高职教育课程体系。在实施教学时，教师要精心设计好每一个"项目"。因为项目化教学是要让学生在完成"项目"的同时，熟练掌握知识。要想实现"项目的内涵"里所提到的教学效果，"项目"的选择与设计至关重要。

在项目化教学模式中，根据教学需要，应该有多种不同类型的项目，从多个侧面来强化学生的不同能力。对于化工应用类的课程来说，项目主要包括三类：根据需要设计的教学项目、具有仿真性质的模拟实训项目、与生产实际结合的工程项目。学生在项目实施中学习知识，锻炼技能，掌握技术，提升职业素养，实现培养目标。

（一）根据需要设计的教学项目

"项目"是训练学生职业岗位综合能力的主要载体，因此"项目"的设计最能考验教师的功力和水平。设计"项目"时，可以参照学生未来的职业活动，同时教师结合自己所教学生的职业岗位，改造原有课程的内容和顺序，从"以知识的逻辑线索为依据"转变为"以职业活动的工作过程为依据"，精心策划、挑选，设计学生能够独立完成的自主项目。

（二）具有仿真性质的模拟训练项目

此类项目为知识点与工作岗位融合重组而来，旨在系统学习知识，培养

学生的专业能力。为增加项目的趣味性，激发学生的学习兴趣，教师可将学生分成若干小组，分别成立"生产车间"或是"加工工厂"，通过实验终产品的展示，来衡量"车间"或"工厂"的生产效益和产品质量，评选出"优秀车间""优秀工厂""优秀员工"。通过这样的情景环境创建活动，能够大大激发学生的学习热情，而学生在实验过程中也非常专注，组员间配合十分默契。

（三）与生产实际结合的工程项目

此类型的项目重点在于培养学生的实战能力，目的是使学生了解工作实际，主要培养学生的专业能力和社会能力。项目多来源于相关工作岗位，例如，精细化工品分析课程中，洗涤用品分析中洗衣粉分析、肥皂分析项目都是来源于企业具体分析岗位。要求学生全部参与准备试剂、仪器调试、实验操作、实验数据处理等工作，使学生在工作的过程中学习知识、培养能力。

三、教学内容过程实施

项目化教学的核心原则是以工作过程为导向，以项目组织扩展教学内容。但由于其是以具体工作项目或任务为基础，以培养能力为目标，目前还没有完全对应的规范教材。因此，在具体的教学过程中可以分两步走：

（一）教师以项目为纲，引导学生学习知识

我们在实施项目化教学的过程中，项目是融合了教学理论、教学内容以后的项目，其运作流程为：项目选题—产品定义—项目研发—项目验收。在此阶段的教学中，教师应严格以项目为纲，也就是说，要按照工作来导向教学。教师严格按照实际工作情境，给出虚拟客户要求，引导学生分析客户需求和项目特点，制定合理可行的计划。注意：在此呈现的项目必须要认真设计，使学生在实施过程中，覆盖的知识面尽量广泛，使学生能通过项目，将课程知识有机地串联起来。教师以工作过程为导向进行教学，并将项目实施过程中的知识点拓展为知识模块，并针对知识模块，辅以小项目，以实现知识到技能的迁移，并给学生自己设计制作项目提供条件。

（二）学生围绕项目展开学习

在此阶段的教学中，学生围绕项目展开学习，主要培养综合岗位能力以及融合知识、整合知识的能力。

在项目化教学的实施过程中，融入人文精神的培养。在完成职业工作任务中，人的综合职业素质、职业行为规范的重要性不言而喻。因此，在项目化教学课程内容开发过程中，要强化人文精神的培养，在培养职业能力的同时，重视职业道德、岗位责任观念、就业观念、敬业精神等方面的培训，重视培养和开发学生的非技能性素养，提高学生的社会能力、处事能力、方法能力等，全面提升学生的素质。例如，在项目化教学实施过程中，开设各类讲座（新技术、新材料、新方法等），拓宽视野，为学生的可持续发展开拓空间，形成科学的发展观。

四、评价和反馈教学

怎样确定学生是不是实现了一定的学习目标，是不是已具备了一定的职业岗位工作能力？例如，怎样对学生掌握的重要能力（工作能力、创新能力、学习能力）进行评价，怎样对学生的爱岗敬业进行评价等。针对以上以工作过程作为向导的项目化教学模式，想要做到这一点，就一定要实施多元化与动态性的评价。考核项目化教学，应当注重考核日常的过程。换言之，在所有的项目当中进行考核，实施各种各样的考核形式，比如综合能力的评价、实验操作的评价、知识体系的评价；问题回答、方案汇报、资料查阅方面的评价；教师、组长和学生的评价。与此同时，也要注重多元化的评价主体、评价标准和评价方式。

第五章　高职化学分层教学模式的构建

第一节　分层教学简述

一、分层教学模式的概念

分层教学就是教师根据学生现有的知识、能力水平和潜力倾向，把学生科学地分成几组各自水平相近的群体并区别对待，这些群体在教师恰当的分层策略和相互作用中得到最好的发展与提高。分层教学也称为分组教学、能力分组，它是将学生按照智力测验分数和学业成绩分成不同水平的班组，然后教师根据不同班组的实际水平开展教学活动。

二、分层教学法提出的原因

高职院校的学生来源比较分散，主要来源于高中理科毕业生、文科毕业生和对口招生的"三校生"即职业高中、中专、技工学校的学生，学习化学知识的时间长短不一，以"三校生"为例，在原来的学校有的学制两年，有的学制三年，这些学生入学成绩相差很大，化学知识基础参差不齐，学习成绩相差很远。针对这些不同层次的学生，要想提高学生的理论水平和动手能力，让更多的学生学有所得、学有兴趣，分层教学是切实可行的方法。

三、分层教学模式的理论依据

（一）个别差异和因材施教理论

个别差异是指学生个体之间存在的差异，主要表现在生理、心理和社会文化三个方面。学生的生理、心理特点是在先天遗传素质的基础上受到后天的社会生活环境和教学的影响，在实践活动中形成和发展起来的。因此，学生的个别差异是客观存在的。我国古代教育家、思想家孔子提出，育人要"深其深，浅其浅，益其益，尊其尊"，同时主张"因材施教，因人而异"。学生之间存在差异，并不等于一部分学生有发展潜力，另一部分学生没有这种潜力。这种差异，只是让学生的进一步发展处在不同的起点上，以及学生的发展具有不同的特点。作为教师，只有提出与他们各自起点相适应的教学要求，采用不同的教学方法，给予不同的辅导，教学才会成为有效的教学。

（二）掌握学习理论

当代美国著名心理学家、教育家布卢姆提出的掌握学习理论认为："只要教师在提供恰当的材料和进行教学的同时，给每个学生提供适度的帮助和充分的时间，几乎所有的学生都能完成学习任务或达到规定的学习目标。"根据这一理论的设想和要求逐步发展起来的分层教学思想，很好地将传统教学理论与现代教学理论统一起来，在保证学校教学效益的基础上，克服了班级授课制的某些固有的不足，为教学改革提供了新的思路。

（三）最近发展区理论

前苏联教育家维果茨基的最近发展区理论认为，每个学生都存在着两种发展水平：一是现有水平，二是潜在水平，它们之间的区域被称为"最近发展区"或"最佳教学区"。教学只有从这两种水平的个体差异出发，把最近发展区转化为现有水平，并不断地创造更高水平的最近发展区，才能推动学生的发展。维果茨基的这种理论表明，学生的个体差异包括现有水平和潜在水平两个方面，教学只有从这两个不同水平的差异出发才能建立学生新的最近发展区，使教学成为促进学生发展的真正手段。

（四）教学过程最优化理论

巴班斯基的教学过程最优化理论强调指出，对学生进行区别教学是教学过程最优化的一个重要办法，为此，必须把全班的、小组的和个别的教学形式最优地结合起来。区别教学绝不是简化教学内容，而是对学生进行有区别的帮助，这既顾及了学生个体间存在的差异性，避免不分对象"一刀切"，又可把因材施教提升到可操作水平，大大提高了教学效率，是班级授课制条件下实施个别化的有效模式。

第二节　高职化学分层教学需注意的问题

一、必须得到高职院校领导的批准

对高职学生的分层在学生入学的时候就要进行，其中涉及到摸底考试和学校其他部门的事务，牵涉到的事情比较多。为顺利实现化学分层教学，必须取得学校领导批准，并且得到学校各部门的协同配合，如此分层教学才能顺利实施。

二、确认学生的认知程度

在入学时进行摸底考试时，也许因为特殊的原因导致个别学生没能正常发挥，导致考试成绩较差，而其实际化学学习非常具有天分。这就需要化学教师在日常教学过程中去再三确认才能够知晓，当发现这类型学生时应及时调整其分层。

三、注意学生的自尊心

在入学考试后对学生进行分层，实际上就是把学生分成了不同的层次。因此，在日常的教学中，化学教师一定要注意自己的言辞，注意不要伤害学生的自尊心。

四、分层教学法在教学上对教师提出了更严格的要求

分层教学模式下，教师不可能再沿袭从前的模式，即"一个教案用到底"；而应改革课堂教学模式，课堂的主角从以教师为主转到以学生为主，针对不同层次的学生要选择恰当的方法和手段，精心地设计课堂教学活动，精心备课、精心设问、精心设计练习、精心研究教学语言、精心设计检测题目。此外，教师要不断充实和改变教学形式，力求适应学生的特点，了解学生的实际需求，关心他们的进步，充分调动学生的学习主动性，创造良好的课堂教

学氛围，形成成功的激励机制，确保每一个学生都能取得进步。

五、分层教学中要注意培养学生的科学素质

教师在化学教学的过程中，在传授知识的同时，还要注重学生科学素质的培养，而且后者显得更为重要。对于差层次的学生，由于化学基础较差，一般对化学的兴趣不高，注意通过教师的反复讲解、重复练习，着重培养其理解应用能力，最终达到最基本的要求；对于中层次的学生，要注意引导他们理解运用知识，着重培养其分析、解决问题的能力；对于优层次的学生，要着重对他们进行科学研究、创新能力的培养。

六、教师要真正做到教书育人

分层教学法对课堂教学模式进行了改革，学生面对这一新的模式，会出现诸如课堂纪律混乱、不稳定因素增加等情况。对此，教师需要对课堂进行动态管理，拓宽管理的范围。分层教学要求教师具备较强的课堂管理动员能力，要真心关爱学生的成长，工作要细，耐心为学生做好必要的服务，在学生成长的道路上要花费更多的心血，既要教书更要育人。

七、分层教学法中的分层是弹性的，要灵活运用

无论是学生的分层、教学目标的分层、教学方法的分层，还是考试的分层都不是一成不变的，分层是弹性的。在实践中要灵活应用，要根据实际情况经常进行调整，目的是通过采用分层教学，发挥全体学生的主动性和创造性，充分调动学生学习的积极性，提高学习兴趣，使学生始终拥有自信心和责任感，从而全面提高教学质量。

八、分层教学法要获得家长和学生的理解和支持

在实行分层教学法时，要注意做好学生和家长的工作，打消学生的思想负担和家长的疑虑。在分层教学之前，要对学生和家长进行宣传，让他们理

解分层次教学是为了让学生更好地掌握知识，提高能力，最大的受益者是学生，让学生消除"自卑"心理，使每个学生都对分层教学有一个正确的认识，使学生从分层开始，就有了信心、有了动力、有了希望，通过努力，不断提高自己。此外，教师还要注意淡化各层次间人为的界线，以保护学生的自尊心，避免分层带来的负面效应。

第三节 高职化学分层教学模式的设计

一、分层教学法的实施方法

（一）学生的分层

教师应利用学生入学之初的一段时间，了解每位学生现有的知识和能力状况。首先对学生进行有针对性的摸底调查，以入学成绩为基础，主要通过小测验来进行摸底，同时参考课堂提问、作业情况，综合考虑学生的智力与非智力的因素，将全班学生按优、中、差分为 A、B、C 三个层次，同时掌握学生人数的比例，中等学生占大多数，优和差的学生各占少数。

在上课安排座位时，可以让这三个层次的学生分别坐在一起，根据学生的成绩分阶段调换座位，这时要注意引导学生认识到这种差异是相对的、动态的、暂时的，充分调动学生学习的积极性和主动性，还要让学生真正了解教师进行分层教学的目的，是为了帮助自己选准"起跑线"，更有利于掌握知识，增强学生的自信心，使学生放下思想包袱，这样既有利于教师组织教学活动，也有利于教师上课辅导，还有利于反馈学生的信息。

（二）教学目标分层

教学目标的分层应依据化学教学大纲，结合学生学习化学的实际情况和需要而定。根据学生优、中、差的层次，分别制定课堂教学的基层目标、中层目标和高层目标：基层目标是最基本的学习要求，是各个层次的学生都必须完成的目标，能掌握化学教材最基础的知识，具有最初步的实验技能，基本能完成课堂教学的学习任务；中层目标着眼于使用知识的培养，应能够较好地掌握化学教材的基础知识和基本技能，能够独立思考，具有一定的分析问题和解决问题的能力；高层目标着重提高学生的思维品质，让学生进一步拓宽视野、发展思维、提高能力，创造性地完成化学教材的学习任务。

例如，在溶液的依数性教学中，基层目标是溶液依数性几个方面的结论，这是各个层次的学生必须都要掌握的；中层目标是理解为什么溶液会有这样的性质，这是中、高层学生要掌握的；高层目标是运用所学的基础知识进行有关计算，解决实际问题，这是高层学生要做到的。

（三）教学方法的分层

根据各层学生的不同特点，选择不同的教学方法，要鼓励 A 层学生拿出更多的时间进行自学，对于 B 层的学生还是以讲解为主，对 C 层的学生则采用精讲、细讲、多练的方法，使学生能掌握，跟得上，激发兴趣。课堂提问要由浅入深，富有层次性、递进性，鼓励每一个学生都参与到教学活动中，让他们都有展示自我的机会。

教学中教师要采用生动活泼的教学方式根据学生层次的不同把分层教学贯彻下去，调动各个层次学生的积极性。比如，可以让 C 层次的 2～3 名学生把基本内容讲述出来，然后再让 B 层次的学生解释原因，最后让 A 层次的学生把实际应用展示给全体学生，教师要注意不断地提示和鼓励，让每个学生都能获得成就感，同时又产生渴望学习更多知识的欲望，从而提高学生的积极性。

（四）练习和作业的分层

要根据教学大纲的要求，综合考虑各个层次学生的水平，设计出适合各层次学生的练习和作业，尽量做到全体学生都有适合自己水平的练习和作业。

（五）考试分层

考虑到高职院校学生的特点，考核评分应该抛弃统一标准答案的做法，采用因层次不同而不同的方法，以提高其学习的积极性。教师可以根据不同的教学目标和学生的实际程度，制定出不同的层次要求。

二、分层教学法的建议

（一）创造良好的学习环境

实施分层教学，师生关系是一个重要条件，只有建立良好的师生关系，才能营造出良好的学习环境，激发学生的学习兴趣，使学生的心理健康得到发展。特别是对待 C 层的学生，要多与他们沟通交流，增进师生之间的感情。在分层次教学中，教师的责任心、教态、语言、人格等都会对分层次教学产生一定的影响，在分层教学中值得重视。

（二）对教师提出了新的要求

在分层教学模式中，教师不能再"一个教案用到底"，而要精心地设计课堂教学活动，针对不同层次的学生选择恰当的方法和手段，改革课堂教学模式，充分调动学生的学习主动性，形成成功的激励机制。教师要付出更多的努力和辛苦，要更多地了解学生、掌握学生、熟悉教材、具备应有的教学能力，这将促使教师不断提高自身素质和业务能力。

（三）对分层教学采取动态管理

在分层教学中，要建立相应的动态考核体系，每学期根据学生期末考试情况和教师的推荐，实行微调，重新分层，成绩进步的可以升级，成绩退步的必须降级，不存在一成不变的"优生"和"差生"。采取动态管理，使学生在学习过程中有紧迫感，有努力的方向，最大限度地调动学生的学习积极性。

第四节　分层教学模式在高职医用化学教学中的应用

一、划分层次

作为教师来说，只有客观地把握学生层次，才能"对症下药"，分层次进行教学。学生们由于受到遗传因素、家庭环境和社会环境的影响，存在着如下差异：

其一，知识、技能基础的差异。俗话说得好："十个手指不一般齐"，学生化学基础不一，知识、技能的差异直接影响学生的理解能力和计算能力；

其二，智力因素的差异，主要表现在学生的理解能力、认识能力和思维能力的差异；

其三，非智力因素的差异，主要表现在学生学习目的、动机、兴趣、爱好、情感和意志等认知心理因素的差异。

学生层次的划分，不能单纯按照学生成绩机械地进行，而应综合各种因素以动态发展的观点来确定学生各时期所处的层次。通常可将高职学生划分为以下三个层次：

一是自主学习型。这类学生对化学很有兴趣，观察力、记忆力、注意力、思考和自学能力很强，视野开阔，能将学到的基本原理"迁移"到各种习题中去。

二是甘居中等型。此类学生智力因素好，非智力因素较差，学习自觉性不够，跳一跳能摘到果子。这种类型的学生分布面较广。

三是被动学习型。此类学生计划性差，主动性、自觉性较低，学习处于被动状态。这主要是因为学生长期处于应试教育的教学环境中，习惯了由教师掌控学生自身学习的每一个环节，养成了被动接受知识的习惯。

二、分层指导

面向全体，分层指导，集体教学与个别指导相结合是实现分层教学目的的基本保证。

（一）分层备课

教师在吃透教材的基础上，以教学目标为导向，制定出教学步骤、时间安排、教学方法，并且必须与各层次学生的认知水平和心理特点相适应。在授课过程中，对各层次学生进行启发提问、例题讲解、巩固练习、实施操作等，要针对他们的接受能力、思维特点、兴趣爱好、知识基础等，确定讲授知识的分量、进度、提问讲解的方式方法等，保证各层次学生能够实现目标要求,在制定目标时要确保教学大纲的基本要求,做到"保底"而不"封顶"。

(二)分层施教

分层施教必须根据共性与个性的辩证关系,处理好同步讲授和分层个别教学的关系。一方面,教师讲授要根据大纲的统一要求、教材的统一内容和知识系统,在统一时间、进度内向全体学生进行同步教学,把教学措施建立在学生共性的基础上,教授最基本的教学内容,完成最基本的教学目标;另一方面,教师又要根据上、中、下不同小群体的知识、能力、情感、意志、性格等个别差异,采取分组分层、个别教学、异步教学,让不同层次学生的心理活动指向并集中于不同的教学目标,进行不同层次的设问,激疑释疑,分层发散学生思维,分层进行课堂练习,使学生"吃得好""吃得饱""吃得了",从而实现群体教学和分层个别教学的和谐统一。

分层设问激疑、启发释疑是分层施教的主要方法和途径。在教学中,教师不仅要注意对不同层次的学生提出不同层次的问题让学生思考回答,而且要注意启发不同层次的学生,经过自学后再提出不同的问题,让学生讨论,最后给予不同深度的解答和释疑。对于学生注意问"怎样",让他们听懂、知其然。

对于成绩优良的学生,教师还要多问几个"为什么",使学生不但要知其然,还要知其所以然,不但要有所知,还要有所不知,于无疑处生疑。给学生留有思考探索的余地,启发他们多想、多思、多问、多解,举一反三,培养他们探索认识的能力,发展创造性思维能力。

分组讨论是分层施教的关键,最佳做法是分上、中、下组讨论,尽量调动不同层次学生的积极性。教师先引导启发,帮助中等生和成绩相对落后的学生理解知识,解决疑难问题。通过分组讨论、合作学习,提高学生竞争意识,引发学生求知欲,对学生讨论的问题要进行综合评议解答,共性问题集中评议,个别问题在巡视中个别指导。

（三）分层辅导

分层辅导主要采用个别辅导和小组辅导两种形式，教师的个别辅导对象主要是成绩相对较差的学生。主要有三个方面：一是讲解课堂上未弄清的内容；二是指导和帮助学生寻求合适的学习方法；三是鼓励学生自信心和激发学生积极性，使他们逐步养成学习自觉性，"牵着过河"，使其"进得来，学得进，听得懂，留得住"。

教师对中等生的辅导主要是教会学法，逐步提高其自学能力；对成绩优良的学生除给予较多的独立思考空间和个别点拨"指导过河"以外，主要侧重于指导灵活应用知识去解决实际中的问题，培养他们解决实际问题的能力，并介绍参考读物和实验课题，培养他们的科研能力。值得一提的是，心理辅导也非常重要，它能帮助学生排除和矫正各种心理障碍，使学生处于最佳心理状态，使其个性得到健康的发展。

（四）分层训练

为适应多层次目标教学的要求，课外作业布置应采用多样的形式。一般性作业主要面向中等生，特殊性作业主要照顾到成绩优良生或成绩落后的学生，一般地说成绩相对落后学生的作业，主要是大纲要求最基础的知识和最基本的技能方面的习题。中等生的作业主要是全面巩固提高，并有适当应用方面的习题；优生的作业是在中等生基础上增加综合应用和课外读物题。

（五）分层考评

同一份试卷可反映出不同层次学生的水平，为了让能力差的学生也能达标，有以下几种做法：一是按不同水平要求，学生选做不同的题目；二是同时出三份不同水平的测试卷。

三、分层教学法的优良效果

（一）提高了学生的学习兴趣

分层教学使学生感到自己是学习的主人，学习是自己的需要，学习中有发现，学习中有乐趣，学习中有收获，因此大大优化了教学效果，使学生的智慧、能力、情感、信念融合。

（二）大大增强了学生的自信心

多层次目标较接近学生实际，通过努力，大多数学生可以达到并逐步超越本层次要求，逐步消除了自卑感，增强了学习的自信心，能认真地自我评价，这在注重学生心理健康的今天显得尤为重要。

（三）实现了真正意义上的"因材施教"，发展了学生的个性

教无定法，贵在得法，课堂教学不仅是一门技术，更是一门艺术。对于教师来说，因材施教，只有尊重每一个学生的个体差异，才能为学生的成功奠定基石。

第六章 高职化学翻转课堂教学模式的构建

第一节 翻转课堂教学模式概述

一、翻转课堂的含义

翻转课堂，顾名思义就是教师传授知识与学生接受知识的顺序发生"翻转"，也就是说，学生需要在课内完成知识的吸收和消化，利用课外来学习新的知识。翻转课堂也可以指学生在课前利用教师制作的教材材料进行自主学习，在课堂上学生将自主学习过程中遇到的难点与教师进行有效的沟通和交流并完成练习的一种教学形态。总而言之，翻转课堂的理论核心就是先学后教。目前，国内关于翻转课堂的教学研究与实践越来越多，但大多集中在中小学，在高校开展翻转课堂的实践研究相对较少。事实上，与中小学生相比，大学生具有更强的自学能力和自控能力，更适合运用翻转课堂开展教学。

以往的传统教学模式基本是以教师讲授为主的"灌输"式教学模式，在整个教学过程中，学生一直处于被动接受知识的状态，不仅不利于学生培养自主学习能力，而且学生对知识的探究能力也不能得到很好的发挥。而翻转课堂这种新型的教学模式正好可以将教师和学生在课堂上的地位进行"翻转"，学生变为课堂上的主体，教师的角色转变为引导学生学习的引导者。在传统课堂上，教师利用传统的授课方法，即使学生接受知识的水平不同，但是教师也只能照顾中间层次的大多数学生，讲解知识点的进度以及深度都是根据学生平均水平和平均接受能力来进行；但是在翻转课堂上，学生可以利用课外学习充分根据自身的实际情况来调节学习进度，这样不仅不会让学生产生厌倦心理，而且能更加促进学生的学习积极性，学生通过课外学习将知识点的讲解进行暂停、回放和重播，一直到学懂为止，有效地提高了学习效率。另外，在课堂上，学生可以将课前学习时遇到的难点、问题反映给教师，教师根据学生的问题情况给予相应的解答，在整个过程中教师不仅可以顺利了解学生的学习进展和学习弱项，而且可以对学生进行有针对性的个别指导，真正实现分层教学和因材施教的教学模式。

二、翻转课堂的主要特征

（一）教学主体的多元、动态、协商

翻转课堂颠覆了传统的课堂教学模式，打破了传统课堂教学主体单一的弊端，使课堂教学的主体呈现出多元化形态。在翻转课堂中，教学的主体不仅仅有教师和学生，更有家长、学校、社会和国家的参与，翻转课堂成为多极主体的课堂。一方面，翻转课堂让学生课下进行自主学习，"教"的主体由教师转向家长、学校、社会与国家，"学"的主体也不仅仅有学生，更是多主体的"学"；另一方面，翻转课堂的课上互动、探究，为多主体参与的实现提供了时间和可能。

教学主体的动态发展也是翻转课堂的特征。这种动态一是教学主体角色的动态变化。教学主体角色在随着教学时空场域的变化而不断动态发展与适度调整。例如，翻转课堂使得教师从传统课堂中的知识传授者变成了学习的促进者和指导者。二是教学主体功能价值的动态变化。翻转课堂凭借信息技术平台更有利于各教学主体的功能与价值的发挥，使得这种功能与价值处在不断发展变化之中。三是教学主体行为方式的动态变化。就教师而言，录制教学视频和在传统课堂教学中的教学行为具有明显不同；就学生而言，课下学习的方式和在传统课堂上课也有显著差异。

翻转课堂呈现出教学主体的协商性特征。所谓主体协商是行为主体在伙伴选择、信息共享、利益分配、承担任务以及解决问题方面的一种有效机制。翻转课堂改变了学生知识获取的形式，教师不再是知识的唯一来源，多主体知识体系逐渐形成，促进了教学主体权威性的消解，使主体间的民主、平等得以真正实现。教学过程中的协商、知识的协商、教学方式的协商以及课堂上下的协商等都是翻转课堂呈现教学主体协商性的表现。充分利用信息技术，

可以让课堂更为人性化、师生关系更为和谐、家长参与度更高等，这是翻转课堂呈现教学主体协商性的结果。

（二）教学资源的集成、全面、共享

教学资源是教学工作开展的基础，包括文本资源、图形图像资源、动画资源、声音资源和视频资源等类型。翻转课堂打破了传统课堂在教学资源的单一性，通过教学视频平台和信息技术支持，把分散的教学资源聚合在一起，共同为教学主体提供最优质服务，这体现了翻转课堂的教学资源集成性的特征。翻转课堂直接或整合利用网络优质教学资源如 MITOCW、World、lecture、Hall、BB scholar、中国精品课程等，并建构了由理论知识资源、实践经验资源和方式方法资源所构成的翻转课堂内容体系。与传统课堂不同，翻转课堂集成了大量教学资源，使得教学资源具有了全面性特征，主要表现为在资源数量上巨大，在资源质量上优化，在资源形态上动态、可持续。

一方面，在翻转课堂教学过程中，师生拥有大量的教学资源，极大地丰富了课程内容，如在电子书包和学科资源网站中，往往集成了大量的教育资源，包括图片、文献、案例、习题和工具书等；另一方面，在翻转课堂视频的制作过程中，教师精选出适合学生年龄特征和个性差异的优质教学资源。此外，从翻转课堂教学资源的样态而言，教学资源不断得到更新、重组，体现了其动态可持续的特性。

翻转课堂在教学资源方面还具有共享性特征。教学资源共享，涉及教学各主体的利益，既要协调各种利益关系，又要满足教学主体对教学资源的需要。翻转课堂的实施为教学资源的共享提供了条件：在课堂前，将所有教学资源与师生共享，为知识信息的传递提供了便利；在课堂上，为师生等教学主体提供资源交流的机会，实现知识信息的深化。而且，翻转课堂大量的教学资源以微视频的形式展现，学生通过简单操作就能实现教学资源的共享，并可以获取自己所需要的课程资源。

（三）教学载体的创新、高效、立体

教学载体是指在教学过程中用于贮存、携带教学信息的载体，是为实现教学目标而设计的教学内容的组合形式和形态。翻转课堂突破了传统课堂以语言与教材为主要载体的局限，通过信息技术以微课作为主要的教学载体，具有教学载体的创新性的特征。微课以短小精悍为其主要特点，是实现翻转教学的一种理想载体，更是实现优质教育教学资源共享的有效途径。可以说，微课作为翻转课堂的主要教学载体，体现出了翻转课堂的创新性特征。

首先，翻转课堂具有教学载体高效性的特征。翻转课堂借助信息技术，通过微视频的方式，突破了教学的时空限制，全面提升了教学效率。一方面，翻转课堂能够提供海量信息供学生选择学习；另一方面，翻转课堂借助云技术，为信息传递提供更为先进的技术支持。在观看微视频、网上即时交流、问题反馈、针对性教学、互动和探究深化理解知识等这样的翻转课堂开展过程中，通过教学载体的不断创新，实现了教学效率的提高。

其次，翻转课堂在教学载体方面还具有立体性的特征。翻转课堂通过微视频传递知识，以互动探究深化理解，能够促进师生的共同发展。在教学视频中可以使用图片、音乐和故事等生动形象的立体教学，有效激发学生的学习兴趣，让学习过程可视化。教学载体的立体性以现代信息技术为基础，以学习者为中心，利用丰富的网络教学资源，实现了没有时空限制的翻转式学习。从发展趋势来看，"以学习者为中心"，基于云端的移动学习、泛在学习、混合学习和在线课程学习等将成为未来学习的主流模式。立体式的教学载体在促进学习的变革和实现课堂的真正翻转方面起到至关重要的作用。

（四）教学过程的自主、灵活、可控

教学过程是指教学活动的开展过程，可以分为"教"和"学"两个过程。在"教"与"学"的翻转过程中，翻转课堂让整个教学过程更加自主、灵活、可控。学生能够根据自身的知识水平、学习进度和教学视频特色等进行自主选择、自主学习、自我监督、自我评价。这体现了翻转课堂中教学过程的自主性特征。建构主义理论认为，"学习是一种能动的活动，绝不是教师片面灌输的被动活动"，知识并不是靠教师传递的，而是学生自身主动建构的。建构主义学习观倡导自主学习、主动学习、合作学习和探究学习，强调学生

的学习过程是自主建构的过程。总之，翻转课堂实现了学习方式的巨大变革，让教学过程走向自主学习的过程。

翻转课堂能够适应教学过程的各种变化，体现了翻转课堂的灵活性特征。教学过程是非常复杂的，学生、教师、教学内容、教学方法、教学媒体和教学环境等多种因素都在一定程度上影响着教学效果。只有不拘泥于教学的固定模式，针对不同教学环境、境遇，采用灵活多样的教学方式，才能实现教学各主体的最优发展。翻转课堂在教学过程方面具有灵活性：翻转课堂在"教"与"学"的时间上具有灵活性，在"教"上，时间不仅仅局限于课堂上，让"教"的时间更为灵活；在"学"上，学习时间的自由把控，体现了"学"的时间更为灵活。翻转课堂在"教"与"学"场域上具有灵活性，"教"的场域和"学"的场域都可以根据教学主体和教学内容等的不同，进行灵活选择。

翻转课堂利用信息技术实现了教学过程可控性的特征。教学过程的可控性是指在整个教学过程或部分教学阶段中，教学主体能够对教学及其进程进行把控。这种可控性有利于教学活动的顺利开展，也更能够促进教学各主体的发展。翻转课堂以教学视频的方式传授知识，能够实现教学时间、进度的有效控制。学生可以根据自身的需要和进度，对教学过程进行控制。如果有些学生通过阅读纸质材料就能掌握指定的学习内容，那就不必全程看完教学视频。而对于教学重点和难点，学生可以多次观看相应视频片段，如果还有疑问，就留在课上与教师探讨。这体现了翻转课堂在教学过程中具有可控性特征。当然，翻转课堂在教学过程中的自主性、灵活性、可控性是相辅相成、内在统一的，它们同时在课堂教学中体现，在"教"与"学"的翻转中生成，目的是能够让课堂教学发挥出最佳的功能与价值。

三、翻转课堂的优势

（一）学生可以自主安排学习时间和学习进度

现在很多学校比较注重学生综合素质的培养，学生会工作、训练、比赛、演出等各种活动常常让一部分学生不得不耽误一部分课程，而翻转课堂的教学模式使得一切地点皆成为教室，学生能够自主安排学习时间，做到学习和活动两不误。传统的班级授课制很难按照每一个学习者的学习进度开展教学，而翻转课堂模式下学生可以根据自己的实际需要，反复观看教学视频或跳过自己听懂了的部分。这样就避免了学习节奏被老师主宰的现象，学生可以自主安排学习节奏，从而把学习者的学习主动性充分地发挥出来，让每一个学习者都能在学业上取得成功，真正实现分层学习。

（二）极大地激发学生的学习兴趣

信息时代下，课堂不再是获取知识的唯一场所，课本也不再是知识的唯一载体，学生乐于亲近电子终端，可以随时进行微视频学习。而大量高质量的教学视频和情景素材，使学生的预习内容由单调、呆板的文字变成了有声有色的视频，极大地激发了学生学习的兴趣和欲望。翻转课堂的关键更在于教得有效，课堂上师生围绕问题探讨，在体验合作探究中让学生有效地完成认知内化和知识建构。这种教学模式下，教学内容没有减少，教学标准没有降低，学生学得主动愉快。学有余力的学生还可以通过信息技术平台获得大量的课外延伸学习资源，这对拓展学生的视野、培养学生的综合素质起到了显著的作用。

（三）有助于教师更好地掌握学生的学习情况，帮助学习有困难的学生

在传统课堂教学方式中，最受教师关注的往往是最好和最聪明的学生。他们在课堂上积极举手响应或提出很棒的问题，而与此同时，其他学生则是被动听讲，甚至跟不上教师讲解的进度。翻转课堂的引入改变了这一切，最让学生兴奋的是能够暂停、倒带、重放讲座视频，直到听懂为止。而课堂上，教师的时间被释放，因此能更好地了解学生，更清楚地知道谁有学习困难，尽可能辅导每一位有需求的学生。

（四）增加了课堂互动

翻转课堂使得教师从传统课堂中的讲授者变成了学习的促进者和设计者，教师不再是课堂的中心，不再上演"独角戏"，而成为课堂的"导演"，

统筹布局，让学生成为焦点。教师可与学生进行一对一的交流，也可以把有相同疑惑的学生聚集在一起给以小型讲座或演示。显然，教师比以往任何时候都有更多的时间与学生互动，而不是在讲台上表演。

与此同时，学生之间的互动也比以前更多了。在教师忙于与某部分学生对话时，学生可以发展自己的合作小组。正是在合作探究的过程当中，翻转课堂让学生真正成了学习的主人，每个学生既是知识的传播者，又是知识的接受者。这种人人教我、我教人人的学习方式让人人参与探究，连之前在课堂上捣乱的学生都没有"观众"了，不仅增加了课堂互动，还有利于课堂纪律的改善。

（五）实现了教学资源共享和永久保存

翻转课堂的关键在于录制优质的教学视频，虽然录制的过程会花费较多时间，但可以借助集体备课的形式，加强教师之间的沟通和交流，利用集中备课组的智慧做好一套视频，以供全校乃至整个地区的使用，真正实现资源共享。况且相对于纸质资源来说，网络视频更加有利于保存和利用，学生可以随时查阅复习，能避免学生听完课后尚未掌握或很快遗忘而产生无法弥补的遗憾。

（六）提高了教师的教学水平和信息技术能力

制作一个 4~6 分钟的教学视频对教师来说极具挑战性，因为教师必须慎重地思考如何在这么短的时间里清晰、简明、到位地解释清楚一个新知识点。这就要求教师必须反复研读教材，并思考每个教学细节，如讲授的节奏、事例的选取以及呈现的方式等等。教师在准备教学视频的过程中，只有仔细斟酌，对每一分钟甚至每一秒钟都进行合理的设计，才能在最短的时间内将精华的内容进行浓缩，让学生真正在短时间内获得关键知识和技能。

此外，翻转课堂的时间较短，为了在时间短、问题数量少的情况下为学生指引获取知识的方向，这就需要教师反复推敲问题设置的梯度，这对提高教师教学技能具有很大的促进作用。同时，视频录制和多媒体信息技术的使用也能够提升一线教师信息技术的应用能力。

第二节　高职化学翻转课堂教学的实施策略

一、高职化学教学翻转课堂的教学设计

（一）以翻转课堂教学模式为基础，按照课前学习、课堂解疑、课后总结的顺序完成课堂教学

课前教学的过程中，教师必须设计与所学知识相关的教学视频以及学生自主学习的测试卡等。比如，教师可以事先将糖酵解的知识制作成教学视频，在整个视频中详细地讲解糖酵解的反应过程等重点知识，而学生则在自主学习的过程中，通过观看视频掌握所要学习的重点知识，从根本上促进学生学习效率的提升。

同时，教师可以将教学视频上传至网络信息共享平台，使学生可以进行反复的学习。而教师则可以根据学生实际学习的情况，为学生设置相应的问题，掌握学生自主学习的进度和情况。通过这样的方法不仅可以促进学生学习效率的稳步提升，还为教师的课堂教学奠定了良好的基础。

（二）促进资源共享

教师可以将教学视频、图文资料以及作业等采用资源打包的方式，将其上传至网络信息资源平台，以便于及时地学习和复习。教师在课堂教学完成之后布置的课后练习，则可以设置相应的问题。比如，可以要求学生写出糖酵解过程中存在的不可逆反应，使学生加深对所学知识的理解，不仅可以将学生自主学习的意识激发出来，同时也使其增强了进一步学习糖类代谢的信心和兴趣。这种课前学习、课后总结的学习方式，不仅呈现了糖酵解教学设计的全部内容，同时也促进了教学效率的提升。

经过实践发现，翻转课堂教学模式的应用，最主要的就是突出了学生自主学习的重要性，而教师在整个教学过程中所起到的只是引导和辅助的作用。这种教学方法的应用对学生综合学习能力的提高以及化学课堂教学效率的提升都有积极的促进作用。

二、高职化学翻转课堂教学的实施策略

（一）通过网络信息资源共享平台学习教师上传的教学视频资料

学生通过观看教师上传的教学视频，可以详细地了解相关知识的重难点。比如，教师在讲解蛋白质分子结构的过程中，由于肉眼无法观察到蛋白质这一微观物质，这时教师就可以将蛋白质结构的视频与教学视频融合在一起，使学生可以更加形象直观地进行蛋白质结构的观察。

（二）及时掌握和了解学生对相关知识的反馈情况

教师必须始终保持网络在线的状态，才能及时回复学生所提出的问题。在课堂教学开始之前，掌握和了解学生在学习过程中所遇到的问题，并予以及时的解决，从而促进课堂教学效率的不断提高。比如，教师在进行蛋白质分子结构知识的讲解时，学生经过自主学习之后，对蛋白质的结构仍然没有掌握和了解。而此时教师在课堂教学的过程中，就可以将其作为教学的重点，进行详细讲解，只有这样才能从根本上促进学生学习效率的提高。

（三）课堂教学结束之前，教师根据课堂所学的知识，要求学生思考相应的问题

同时教师也必须及时进行教学过程中的总结和反思，对自身存在的不足进行纠正，这样可以促进自身教学水平以及翻转课堂教学效率的有效提升。随着课程改革的不断深入，教师必须深入进行翻转课堂教学模式的优化，才能促进自身教学水平的提升，发挥出翻转课堂教学在高职化学课堂教学中的积极作用。

第三节　高职化学翻转课堂教学模式的设计

一、"翻转课堂"在高职化学教学中的实施途径

（一）课前任务设计

首先，充分准备教学资源是教师必备的课前工作，教师在课程标准、教

学目标基础上进行课前任务设计、下载或制作视频，任务资源包括微课及其他资源、阅读材料等。当然，教师在课前可借鉴课本中的情境素材，也可以搜集制作视频、网页及课件或另辟蹊径，原则是使教学资源符合课程内容，让学生能够在资料指导下更好地展开自主学习。这些教学资源必须包含明确的目标及相关联系，以便帮助学生提高学习效率。

其次，科学设置导学学案，教师在对教学内容进行重构的基础上，将其分成不同模块，注重模块之间的不同联系，化繁为简，尽量提高内容的趣味性以吸引学生注意力，这在化学与健康、化学与能源、化学与环境、化学与材料等部分非常适用，因为在这些内容的导学学案中设置图表情境、事实材料、生活影像等更能激发学生的学习热情。视频播放时间控制在十分钟左右为佳，例如在"蛋白质空间结构"的教学中，提前设计好学习任务、制作课程视频，对该物质的高级结构状态以游戏的形式展现，使本来繁复的结构及化学反应让学生能直观感受到。又如，在糖分代谢的讲解过程中，结合视频将人体运动过程中血乳酸浓度的变化进行展示等。

这类视频在应用过程中，将学习任务前置，加之视频趣味性强，有助于提升学生的学习兴趣。

（二）课堂活动设计

首先，教师通过课前考察了解学生对课前任务和视频内容的反应，有针对性地对教学目标进行设计。将学生进行分组，确保每组都包含基础不同、学习能力存有差异的学生，保证通过小组合作学习能够让学生之间互相帮助和取长补短，以利于小组问题的顺利解决和个人能力的发展。例如，教师在"生物微量元素与健康"教学中，通过课前导学等多种渠道介绍元素与身体健康方面的常识，提出微量元素与维持生命活动、促进健康和生长发育的关系等预设问题；让学习者通过自己查阅、整理、收集资料、分组讨论总结出自己的观点，明白缺少微量元素的危害和补充微量元素的方法，从而形成合作、交流、互助的学习方式。

又如，教师在糖酵解教学中，先给学生课前视频，预设学习问题。课堂中，学生在提前学习的基础上，会自行提出很多好问题，如"人体经过运动以后，乳酸为什么会在休息时下降"及"乳酸浓度什么时候为零"等。这样，教师在课堂中就应有侧重地对这些问题予以解答，而其他"糖酵解的化学反应"等少有疑问的知识可以作为次重点讲解。

其次，组织学生小组探究。教师对学生学前任务结束后提出的问题进行考量后，可对每组讨论的问题进行讨论总结，并运用 PBL 教学法加固（PBL 教学法是在问题的基础上进行知识的学习、练习的一种方法）。例如，在对氧化磷酸化因素知识的学习过程中，学生通过对一氧化碳中毒原理的探究分析，促成了对"呼吸链抑制剂"等知识的掌握，加上课堂案例列举、练习，使学生更加深入地了解运用知识。小组探究中，学生相互协作，分工查找资料，在这个过程中，大多数学生会穷尽自身能力，采用查阅书籍、网络搜索等方法，并将自己总结与收集的资料归纳探讨，共同探究出解决方案和正确答案。

教师则可在小组完成学习内容及了解学生参与程度的基础上，在课上进行有效的补充，并对学习成果进行总结。当然，学生在小组探究的过程中，教师应随时参与进来，及时答疑解惑，促使学生始终坚持学习，在活动训练中逐步掌握化学思维方法，形成熟练的技能，提高翻转课堂学习效率。

（三）课后评价反思设计

在实施完以上步骤后，教师要做好收尾工作，促使学生实现知识内化。指导学生自主反思、修正学习方法，逐渐养成总结、反馈的学习习惯。此时，教师在布置通用作业的基础上可为学生提供个性化作业以供选择。学生的思考与总结习惯一旦养成，发散性、创新性思维会在一段时间的学习中潜移默化地生成。

翻转课堂教学模式在一些化学实验及"虚拟实验室"内容中有着明显优势。例如，一些程序繁复、耗时、反应物或产物毒性大的实验，教师可预先提供实验微视频等资源，将概念、流程、注意事项、操作规范等与实验操作相关的学习内容实现"翻转"教学，流程可预设如图 6-1 所示：

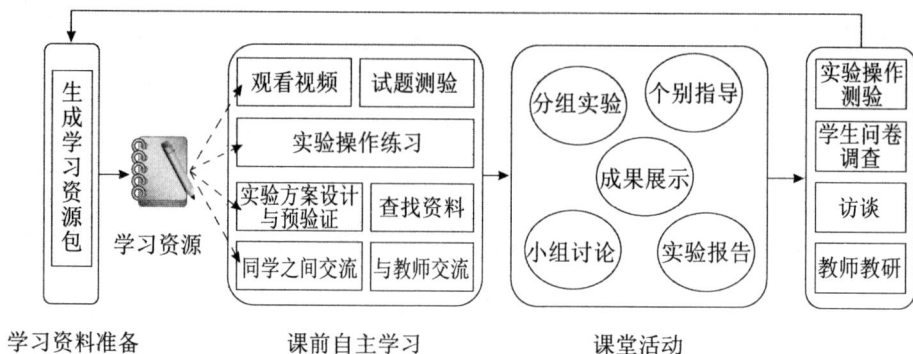

图 6-1 翻转课堂教学流程

虽然翻转课堂有标准的实验示范过程，但是往往无法提供真实操练环境让学生进行实践，这也是目前化学课堂实现"翻转"所遇到的瓶颈之一。当然，倘若能采用多媒体、仿真和虚拟技术造设"虚拟实验室"环境，不但节约环保，能降低仪器药品消耗，而且仿真度高，不受时间空间限制，可以远程教育，发挥真正意义上的"翻转"优势。

二、高职化学翻转课堂教学实践的反思

经过教学实践，可以发现，翻转课堂教学模式主要有以下优点：

第一，学生会对指定内容进行更深的探究，能以高度合作的态度解决问题，团队精神得到有效培养。

第二，教师以客体出现，师生交流时间加长。学生课前完成一定量的学习，节约了教师在课堂上讲解的时间，有更多时间和精力去指导学生实验、参与交流和辅导答疑等，有效改善了化学教学中学生动手机会少、实验时间不足等问题。

第三，该教学模式是互联网信息技术发展的产物，通过精心设计学前任务单和课堂活动，使学生积极参与教学活动，在通过互联网搜集资料、解决问题的过程中锻炼动手能力。

但是，在化学实际教学过程中合适的微课资源并不多，尤其是适用于高

职学生的资源，基本需要教师自己制作，无形中会增加教师负担。究其原因，主要包括如下几点：第一，现行教师对微课的理解还需要一个过程，包括选点、设计和录制都需逐步完善，因此录一节 5 分钟的微课可能会耗费几小时。第二，学习指导设计。翻转课堂的前置学习不是简单地看微课，如果只提供几节微课，学生势必无法顺利实现学习目标。第三，许多教师无法设计出合理、有趣的任务及学习资源。

第四节　翻转课堂教学模式在高职化学教学中的具体应用

一、翻转课堂教学模式在高职化学教学中的应用

（一）课前设计

翻转课堂能够弥补传统教学模式无法突出学生主体地位、学生综合实践能力不足的缺点。但是在开展翻转课堂教学之前，教师应该先进行课前设计，这样才能保证课堂教学的顺利进行，才能提高教师的教学效率。

教师进行课前设计的基础是已经掌握教材内容和学生实际学习情况。这样教师才能明确教学目的、教学重难点，保证教学课堂的有序进行，提高翻转课堂的效率。首先，教师在准备教学资源时，可以根据教材内容，搜集一些相关的视频、图文、网页等资源，保证即使是在课下，学生也能够自学。教师在搜集教学资源时，可以根据教学设计的大概流程进行搜集。

例如，教师需要讲解的化学知识是有关蛋白质空间结构的，那么教师就可以选择一些关于蛋白质结构的视频，以及有关糖分解代谢的有关图文等。另外，教师还可以通过搜集人体在运动中乳酸浓度变化的相关资料，降低化学理论知识的抽象性，提高学生的学习效率。

总之，高职化学教师在进行课前设计时，应结合学生的认知水平和实际的教学进度，选择难易适中、趣味性强的教学资源，以丰富教学内容，提高课堂效率。

（二）教学设计

教学设计是教师进行教学的主要依据，包含教学目标、教学重难点、教学过程设计等内容。对于翻转课堂教学模式，教师的教学设计需要更加精细、新颖。只有这样才能使教学课堂有序进行，提高教师教学效率。

1. 教师应该先遵循翻转课堂基本教学模式，设计出大概的教学流程，即课前学习、课堂解疑、课后总结。在课前学习阶段，需要教师设计相关教学视频、自主学习测试卡等。例如，教师准备讲解有关糖酵解的知识内容时，教师应该先录制一段有关糖酵解知识的视频。在这个过程中，教师应该突出糖酵解代谢反应过程、意义及丙酮酸的去向等重点知识，这样学生在进行自主学习时，就能够抓住教材重点内容学习，从而提高学生学习效率。之后，教师应该将视频传至网络共享平台，如 QQ 群、微信群等，以方便学生能够进行反复学习。然后，教师可以设置一些问题来把控学生的自主学习进度，如：人体在运动之后休息时，乳酸浓度为什么会下降？糖代谢中间产物均含有磷酸基团，哪几步属于底物水平磷酸化，一分子的葡萄糖经糖酵解产生几分子乳酸和 ATP？这样就能促使学生主动进行课前学习。另外，高校还可以设置平台，帮助教师观测学生是否进行了视频学习，这样就完成了糖酵解的课前学习设计。

2. 在教学课堂上，教师主要的教学内容是讲解学生在课前学习时遇到的问题。这些问题主要是学生通过网络共享平台反映出来的。这种学生课下学习、老师课堂讲解作业的教学模式与传统的教学模式是正好相反的，这也是翻转课堂的名称的由来。在课堂教学过程中，教师可以采用启发式教学法来增强课堂的学习氛围。例如，通过创设问题"糖类物质是如何降解的"，引导学生学习，或者采用总结归纳教学法，如总结糖代谢各条途径中的限速步骤和关键酶及与能量生成相关的步骤，这样，通过总结教学更能帮助学生理清思路，加强学生对知识的记忆。或者还可以再次借助多媒体将理论知识生动化，如运用演示法来展示糖酵解途径中复杂的代谢反应和结构变化，使抽象的文字符号用生动形象的图片和动画展现，这样就能够使原本枯燥无味的化学课堂变得生动有趣，真正体现出学生的主体地位。此外，教师还可以开展探究式学习，因为学生之前已经在课下完成了知识学习，因此再开展探究式学习时，就会比较容易。又如，以糖酵解的原理和过程作为探究目标，让学生进行小组合作探究学习，这样既能加深学生记忆，还能够培养学生的团结协作能力。总之，教师可以在课堂上采用多种形式的教学模式，丰富课堂教学内容，增强翻转课堂教学模式的趣味性，从而提高教师教学效率。

3. 教师在完成课堂学习之后，应该将所有有关教学内容的视频、图文、作业内容等资源进行打包，并上传至网络共享平台，以方便学生进行复习。当教师在布置课下练习时，还可以设置如下问题：写出糖酵解过程中的三个不可逆反应及催化该反应进行的酶，来巩固学生所学内容，激发学生自主学习的意识，使学生获得自主探究学习的乐趣，增强学生学习糖类代谢的信心。这样从课前到课后，糖酵解的全部教学设计就呈现出来了。通过仔细观察，会发现翻转课堂教学模式主要是强调学生自主学习，教师引导、辅助。这样才能真正提高学生的综合学习能力，改变传统教学模式的灌输式教学法，从而推动我国素质教育的深入推行。

（三）实施教学

在完成所有准备工作之后，教师就可以进行翻转课堂的教学。相比于传统教学模式而言，翻转课堂的主要学习时间在于课下，并且翻转课堂对于教师的要求更高，不仅需要教师具有很强的执行力，还需要教师具备一定的信息技术素养，更重要的是需要教师具有足够的控制能力，能整体把控翻转课堂的进行。

1. 教师将制作好的教学视频传至网络平台，使每个学生都能进行学习，然后将具有针对性的课程问题也展示给学生。例如，在讲解蛋白质分子结构时，由于蛋白质属于微观物质，肉眼很难观察到。因此，教师在教学视频中，可以将有关蛋白质结构的视频整合进去，以方便学生进行观察。另外，教师在录制视频的过程中，应该注意视频的播放时间。大部分的教学视频一般是控制在几分钟到十几分钟之间，这样的长度有利于集中学生的注意力，而且通过网络发布视频，还能让学生无限制观看，提高学生的自主学习能力。此外，教师在实施教学时，还要注意观察学生自主学习的进度。

2．在教师实施教学过程中最重要的是注意学生的信息反馈。教师应该保持网络在线状态，以方便学生进行及时提问。这样教师在课堂开始前就能够根据学生反映的问题进行针对性教学，从而提高课堂教学效率。例如，在蛋白质分子结构知识的教学过程中，学生在自主复习后，仍是不理解蛋白质的一、二、三、四级结构，这样教师在随后的课堂教学上，就可以将其作为教学重点进行详细讲解，如此就有效提高了学生的学习效率。另外，在教学课堂上教师不应拘泥于某种教学方法，而是应该根据实际的教学内容选择合适的教学方法。譬如，在实验教学中，教师在课堂上就可以开展小组合作探究实验；如果是理论知识的讲解，教师一定要注意选择多媒体辅助软件，降低学生的学习难度，提高教师教学效率。

3．在课堂教学结束之后，教师可以针对蛋白质分子结构的相关重难点知识，布置思考题。例如：第一，蛋白质的一、二、三、四级结构的含义是什么？维系每级结构的作用力是什么？第二，蛋白质的二级结构包括哪些？分别有怎样的特征？第三，蛋白质分子结构与功能的关系是什么？第四，试解释人、猪、牛、羊等哺乳动物胰岛素分子中 A 链 8、9、10 位和 B 链 30 位的氨基酸残基各不相同，但它们仍具有共同生理功能，为什么？当然，教师不必太苛求学生必须完成，因为不同学习能力的学生，对于化学知识的理解程度也不同。只有进行分层教学、难易结合教学，才能真正激发学生的学习兴趣。在完成所有环节之后，教师还应该进行教学反思，以便及时发现自身的不足，并及时加以纠正，这样就能逐渐提高自身的教学水平，从而提高翻转课堂的效率，提高学生的综合实践能力。尤其是课程改革的背景下，只有教师不断深入进行翻转课堂教学，不断地探索、发现问题，并不断地优化、提升自身的教学水平，才能推进翻转课堂教学模式在高职化学教学中的应用，才能促进学生的全面发展。

二、翻转课堂教学模式在无机化学实验中的应用

高职无机化学实验教学有其独特的特点，包括授课内容多样、授课环境比较开放并且授课时间相对宽松等特点，而这些特点也正是运用翻转课堂教学模式所需要的教学基础。其次，在进行翻转课堂教学的过程中，可以充分利用网络数据和丰富的网络资源，让学生不仅可以逐渐掌控自我约束力、能够有效地进行自主学习，并且开拓学生自身的视野，从而有效地保证翻转课堂在高职无机化学实验教学过程中的顺利应用。

（一）翻转课堂教学模式下教学素材的应用

在教师进行化学实验教学的过程中，教学内容一般包括对实验原理的讲解、实验仪器的具体使用方法以及实验操作等。在翻转课堂的应用下，教师可以将这些实验原理、实验仪器以及实验操作制作成微视频，将其进行展示，学生可以充分利用自己的感官意识来了解化学实验的整个过程，不仅能够有效地提升学生的主动积极性，而且让学生能够根据实际情况来有选择、挑重点地观看这些视频，从中发现问题并及时与教师进行沟通，从而保证翻转课堂教学模式在高职无机化学实验中科学合理应用，能够有效地提升教学质量和水平。

（二）翻转课堂教学模式下开放性教学环境的应用

翻转课堂的实质性内容是教师有效地与学生进行面对面的学习活动。在翻转课堂教学模式应用于高职无机化学实验教学的过程中，教师要通过教学系统帮助学生更好地完成对化学知识的理解和掌握。教师需要与学生之间建立无障碍的沟通模式，而且实验室开放性的教学环境能够更加有效地促进师生之间开展交流和互动，让学生与教师在化学实验课堂中能够近距离地讨论相关问题。学生可以大胆地提出自己的设想，教师进行一定的引导；对学生提出的问题，教师可以及时解答。

相对于传统的化学理论知识授课方式，化学实验教学更受学生的欢迎，教师要充分利用学生的好奇心，设计并开展更丰富的课堂实验教学活动，让

学生保持高涨的积极性，让学生在化学实验的学习过程中，不仅能锻炼自身的动手实践能力，而且能够有效地保证翻转课堂实施的效果。

（三）翻转课堂教学模式下信息技术平台的应用

翻转课堂注重的是学生的课下学习，包括课前的准备学习以及课后的复习。所以，在高职无机化学实验中应用翻转课堂的教学模式，教师首先必须让学生学会自主下载资料进行相应的预习，这样就需要强大的网络作为支持，以使学生可以不受时间、地点的限制，可以对化学实验、化学知识、化学学习背景等进行更深层次的了解和认识。高职院校要建立完善的信息技术平台，不仅能够方便学生随时查阅相关资料进行化学学习，而且可以提升教师自身的教学能力和教学素养，为教师的课前准备工作以及解决教学过程中遇到的一系列问题起到帮助，方便学生与教师之间进行良好的沟通和交流。

另外，教师可以利用信息技术平台来对学生的学习情况进行实时的监督，在学生遇到难点、疑点的时候及时地帮助学生解决。信息技术平台的完善能够让翻转课堂教学模式在无机化学实验教学的应用更加顺利，从而达到良好的教学质量和教学成果。翻转课堂创造了人性化学习方式，学生可以根据个人需要自定学习进度，如果忘记了较长时间之前学习的内容，还可以通过观看视频获得重温，有效解决了一本教材针对所有对象讲课所造成的问题。

（四）翻转课堂教学模式下学生角色的转变

在翻转课堂的教学过程中，要注重学生角色的变化，让学生占据主体地位。例如，可以让优秀的学生在课堂上进行习题讲解，锻炼学生的语言表达能力；可以根据不同学生的学习水平划分不同的小组，让学生集中讨论，在小组的同学之间形成良性竞争，让优秀的学生带动成绩稍逊的学生。学生要根据自身的优势以及学习内容反复地与同学以及教师进行交流和沟通，不仅能够使自己取长补短，正确认识到自己在学习过程中存在的不足，而且能够有效地扩展知识。学生作为翻转课堂的主角，要充分适应翻转课堂的教学模式，与教师一起构建一个具有深度知识的课堂。

最后，还要做一个反馈评价。反馈评价主要由教师和学生的同伴共同完成，采取过程评价与结果评价相结合的方式开展。对结果的评价主要考查学生对知识和技能的掌握程度，重点考查学生的问题解决和作业完成情况。对过程的评价主要考查学生参与课堂活动的表现，重点考察小组探究、交流汇报等环节中的表现。

第七章 基于素质教育的高职化学教学

第一节 高职化学教学中素质教育的内涵及要求

一、素质教育的内涵

在我国教育界，素质教育是与应试教育对立存在的，学校教育应由应试教育向素质教育转变已经成为人们的共识。素质教育就是以提高素质为目标的教育，是依据人的持续发展和社会持续发展的需要，在掌握和培养能力的基础上，以全面提高受教育者的素质为根本目的，以尊重学生的主体地位和主体精神为出发点，以注重开发人的潜能和创新能力以及注重形成人的健全人格为根本特征的教育。

国家教委原副主任柳斌认为："素质教育是以全面提高公民思想品德、科学文化和身体、心理、劳动技能素质，培养能力，发展个性为目的的教育。"实施素质教育是我国社会主义现代化建设事业的现实需要，它体现了高等教育的性质、宗旨和任务。培养和造就高素质的一流人才，既是高等教育的终极目的，也是高校教学的根本任务。现代教育思想认为，高等教育从本质上说是完全意义上的"人的教育"，即培养出能适应未来的挑战的人。

二、素质教育的特征

（一）素质教育的全体性

美国当代著名教育家布卢姆曾经指出，教育者的基本态度应是选择适合儿童的教育，而不是选择适合教育的儿童。素质教育作为一种以全面提高全体学生的基本素质为根本目的的教育，是与应试教育的"选拔性"和"淘汰性"相对立的。素质教育必须面向全体学生，使每个学生都具有作为新一代合格公民所应具备的基本素质。素质教育的全体性要求：一方面必须使每个学生在原有基础上都能得到应有的发展；另一方面必须使每个学生在社会所要求的基本素质方面，达到规定的合格标准，使每个学生都能成为合格的毕业生。

（二）素质教育的全面性

素质教育与应试教育的"片面性"鲜明对立，它要求受教育者的基本素质必须得到全面的、和谐的发展。这就从教育内容上规定了素质教育的性质。素质教育的这种全面性要求有其社会学、教育学以及心理学方面的依据。社会发展对人的素质要求十分全面，从心理学的角度来看，人的心理活动具有整体性，认知过程和情感过程的产生与发展自始至终是互相交织、相辅相成的关系。

因此，人的素质发展也具有整体性。素质教育既不是"为升学做准备"，也不是"为就业做准备"，而是"为人生做准备"，也即是"为人生打基础的教育"。

（三）素质教育的发展性

素质教育不仅重视学生知识和技能的掌握，而且重视学生潜能和个性的发展。而这些素质单靠一般的"灌输"，必然难以完全奏效。相关研究成果表明，人类拥有巨大的潜能，现已开发的只占很小的一部分。潜能就是每个人潜藏着的智慧、才干和精神力量，被称为"沉睡在心灵中的智力巨人"或"每个人身上等待开发的金矿脉"。

素质教育的发展性意味着，素质教育对学生潜能开发和个性特长发展的高度重视。教师要相信每个学生的发展潜能，要深信每个人都是有潜能的。教师要创造各种条件，引发学生这种无限的创造力和潜能，使每个学生都有机会在他天赋所及的一切范围内，最充分地展示并发展自己的才能。

素质教育的根本目标是促进学生全面发展，应当指出："全面发展"已经被列入世界上许多国家（包括发达国家和发展中国家）的教育目标之中。但是，我们的任务是要在社会主义的素质教育中探索"全面发展"的具体规定性，这包括两个方面：

第一，对个体来说，它是"一般发展"和"特殊发展"的统一；

第二，对班级、学校乃至整个社会群体而言，它是"共同发展"和"差别发展"的协调。

全面发展既要讲共同性，又要讲个别性，它绝不排斥有重点地发展个人的特殊方面，允许在一个群体中各个体之间有差别地得到发展，全面发展绝不能被理解为均匀发展和统一发展。全面发展实际上就是"最优发展"。最优化不等于理想化，而是力求取得对具体条件而言的最佳效果。只有这样，每个学生才有信心根据自己的特点找到发展的"突破口"或"生长点"，打破"千人一面"的格局。

（四）素质教育的主体性

素质教育的主体性，从根本上说，就是教师要尊重学生在教育教学过程中的自觉性、自主性以及创造性。教师要尊重学生的独立人格，尊重学生的独立人格是教育的前提，也是对待学生最基本的态度。

尊重学生的独立人格就是尊重学生人格的价值和独特的品质，不仅包括他的优点和长处，而且包括他的缺点和短处。教师不可能喜欢学生的一切，但教师要认识到学生是一个有价值的人，一个值得尊重的人。教师要把学习的主动权交给学生。在教育教学过程中，教师要善于激发和调动学生的学习积极性，要教会学生学习，要让学生有自主学习的时间和空间。

（五）素质教育的开放性

应试教育中学生接受教育的场所主要是课堂教学，知识和信息的来源主要是教师和课本，因此形成了封闭的教育空间和单一的信息来源渠道。素质教育由于涉及学生的全面发展，教育内容被极大地拓宽，并且有足够宽广的教育空间和多样化的教育渠道与之相适应。

因而，从素质教育的空间和教育渠道来看，素质教育不再局限于校内、课内和课本，而是具有开放性。素质教育的开放性，必然要求拓宽原有的教育教学空间，真正建立起学校教育、家庭教育和社会教育相结合的教育网络；也必然要求拓宽原有的教育途径，建立学科课程、活动课程以及潜在课程相结合的课程体系。

三、素质教育的理论基础

（一）素质教育的哲学基础

1. 马克思主义关于人的全面发展学说

马克思主义关于人的全面发展学说，作为我国教育的基本原理和教育方针的理论依据，早在1951年初的全国高等教育会议和中等教育会议的总结中就已被提出来。人的全面发展学说的主要内容可概括为关于人的本质问题、关于人的发展问题、关于个人全面发展问题三方面。个人全面发展问题不仅是哲学问题、经济学问题，也是现实的教育问题。在个人全面发展与教育的关系问题上，马克思科学地解决了教育史上一个长期悬而未决的矛盾和难题，那就是人、社会、教育三者之间的关系问题。我们认为，马克思对个人全面发展的规定，主要体现在以下两个方面：

第一，劳动者智力和体力的全面发展，这是最基本的一个概括。马克思讲全面发展，主要是针对体脑分工后劳动者越来越片面的发展来说的。所谓全面发展，是指劳动者智力和体力两方面，智力的各方面和体力的各方面均得到发展。这种全面发展的核心是体力劳动和脑力劳动相结合。

第二，个人、自由、充分的发展。马克思所讲的人的全面发展，主要是指个人的全面发展。因为人类整体的发展和一般人的发展，随着历史发展而越来越全面、丰富。在较长的历史时期内，人类全体的全面发展是依靠牺牲个人发展及个人片面发展为代价换来的。全面发展既是自由的发展、充分的发展，也是创造性的发展。正如全面发展是个人的发展一样，马克思在一切场合都对全面发展赋予了自由、充分等特征。因为没有自由发展，就没有全面发展；没有全面发展，也不会有自由发展。当然，我们必须承认教育是实现个人全面发展的必要条件，但不是唯一的条件。培养全面发展的人，从根本上讲，有赖于生产力的高度发展和社会关系的进一步协调发展。

在《资本论》中，马克思认为："未来社会是以每个人的全面而自由的发展为基本原则的社会形式。"从这个意义上而言，教育就是素质教育，实施素质教育就是要促进人的自由全面发展。因此，素质教育就有两个基本维度。首先是全面发展，全面发展是指人的发展是整体性的发展，也就是德、智、体、美、劳诸方面的发展，既会"做人"又会"做事"。全面发展强调的是作为一个完整的"人"所必备的基本要素，缺一不可，全面发展是一种共性的要求。然后是自由发展，其是指每个生命个体由其先天基因和后天环境影响所决定的潜能能够得到最大限度的发掘和发挥，个体生命的价值得到充分的发展和实现。显然，自由发展是一种个性化的要求，人的全面发展寓于人的自由发展之中，人的自由发展应体现人的全面发展，因而全面发展就蕴含着自由发展。正如实现人的全面自由发展，既是一种理想状态，又是一种现实发展一样，素质教育也体现出教育的理想性和现实性的统一，人全面而自由地发展，并在此引领下走向完善的人性，是教育的最高境界。

2. 现代系统理论的整体原理

首先，整体原理应用于教育工作。它要求在教育工作中把德育、智育、体育、美育、劳动技术教育结合起来，培养全面发展的一代新人。对于每个个体来说必须接受的素质教育，一定是全面发展的素质教育。

其次，整体原理应用于教学工作。素质教育的主渠道在教学方面。在教学工作中，知识的传授、能力和技能的培养、良好品德的养成都要注意全面性，重视形成良好的素质结构。教师在课程的设置上，也要注意各学科的相互协调，以便让学生充分、全面、和谐地发展。

再次，整体原理应用于教育管理和决策。在教育管理中，小至班级的管理，中至学校管理，大至宏观的教育管理，教师如果不从整体入手，把眼光盯住某个部分或方面，其管理的效果自然会比较差。从整体原理出发，教师管理不仅要注意发挥各部分的功能，而且更要注意协调好部分的运作结构和运行机制，实现整体优化的目的。在素质教育的宏观管理中，教育的多重任务的实现、学生的多种出路的安排、教育的分流就显得十分重要。

总之，整体原理应当成为教育工作的重要方法论，它不仅具有重大的战略意义，而且在战术上的意义也不可小视。因为教育目的是一个有机整体，教育过程是一个有机整体，教育内容也是一个有机整体，搞素质教育就是要进行整体教改。任何以偏概全，或者头痛医头、脚痛医脚的做法，都有悖于整体原理，势必难以取得理想的教育效果。

（二）素质教育的心理学基础

人本主义心理学是西方心理学史上一次重大的变革，它对行为主义与精神分析学派都做了深刻的批判，抨击了传统心理学的生物还原论和机械决定论，把人的本性、潜能、价值、创造力和自我实现提到心理学研究对象的高度。马斯洛提出的需要层次理论把人的需要看成一个多层次、多水平的系统，高层次需要的出现以低层次需要的基本满足为条件，但只有高层次的需要的追求和满足才使人更充实、更幸福。每一层次的需要与满足，将决定个体人格发展的境界或程度。个体生命的最高存在意义，就是为了自我实现，其追求的内容是实现人的"内在价值"，包括真理、善、美、爱、独特、公正、诚实、秩序、和平等。然而，最终的需求是人的自我超越的实现，是人性合乎规律的高度发展和执着追求。

罗杰斯和马斯洛一样，也强调人的精神性或超越性层次的需要，他指出"自我"基本上属于"大我"的一部分，自我根本上是与一个更大的整体密不可分、相融相契的一部分。这个"大我"在不同的传统文化中被赋予不同的名称：大我、宇宙我、普遍性之我、上帝、道、婆罗门、天……。一句话，不论你如何指称或诠释它，人类确有回归这更大的整体之需求。显然，人不同于物的根本点就在于人有自己内在的精神世界，有物质需要之上的主观需要。正如马斯洛所说："人生活在稳定的价值观体系之中，而不是生活在毫无价值观的机器人世界里。"强调个人的自我实现与社会发展的统一关系，将个人价值的实现置于社会价值实现之中，只有依靠各种社会条件的支持，个人的价值和自我潜能才能得到充分的表现与发挥，而社会的发展也只有依靠个人努力和自我实现才能得以真正地实现。

皮亚杰认为，主体不仅具有认知性的认识结构，他还是情感和道德判断的主体，在认识过程中作为知、情、意的统一体发挥总体作用。认识的过程和结果就是这三种心理能力综合作用的过程和结果，它凝结和体现着真、善、美的统一和协调。这种认识理论强调了人的素质的外部获得性，即人除了与生俱来的自然素质外，其道德、知识、智力乃至一切后天形成的素质，都是从外部获得的，凡是外部客体的东西转化为内部主体的东西，都必须经过心理的内化。运用到素质教育当中，就意味着教育是将外部客体的东西内化为学生内部的主体的素质，为他们的成才奠定必要的基础，教育的过程就是内外结合、相互转化的过程。

（三）素质教育的教育学基础

1. 素质教育的提出与 20 世纪 80 年代我国教育人本论的形成有关。我国教育人本论的内涵可以概括为"一基"与"三发"：所谓"一基"，就是尊重、关心、理解与信任每个教育对象；所谓"三发"，就是要发现人的价值、发挥人的潜能、发展人的个性。我国教育理论界自 20 世纪 80 年代末以来，对教育主体性或主体性教育开始关注并形成研究热点。

2. 强调素质教育是高等教育的出发点和归宿。以人为本，就是以学生为本，这是世界各国教育的共同取向。今后改革的目标应该使教育制度和教育内容多样化，富有灵活性，不偏向智育，充满人的精神和人格主义的观念，培养道德高尚和甘于献身社会、具有纯真的理想和强健的体力、富有个性和创造性的人。

3. 教育现代化理念认为素质教育是现代化教育的本质体现，是现代教育科学的成就。尤其是 20 世纪 50 年代以来出现的一系列教育科学新成就，要求我们的教育必须走素质教育之路。由此可见，教育科学新成就，特别是教育现代化思想是素质教育的重要理论基础之一。

四、高职化学教学中的科学素质教育内涵

科学素质是普通教育的重要组成部分，包括物理学、化学、生物学等在内的理科教学所应当培育的公民素质。从发展的眼光来看，科学素质内涵除了重视科学、技术、社会三者之间的关系外，还强调了人的发展，包括身心、

智力、敏感性、审美意识、个人责任感、精神价值等方面的发展。素质教育是在教学实践中，高职生经过教育的陶冶，使身心得到统一发展，即合理激发高职生的外在和内在潜力，促使高职生在德、智、体、美、劳诸方面得到全面发展的一种新的教育思想和教育理论。高职化学教学中科学素质教育是素质教育的一个组成部分，即子系统，必须具备素质教育的基本内容，但也有其独自的内容，是在化学教育领域形成的独特的知识成分。

五、高职化学教学中素质教育的要求

高职化学的素质教学是在完成该课程的教学目标的过程中，最大限度地提高高职学生的科学素质。为了更好地实现科学素质教育，需要在教学实践中不断地进行探索和教学改革以达到预期的教学目的。

（一）改革教学方法

在高职化学教学中，应根据培养目标、教学要求、学生的认识发展顺序和年龄特征，面向全体同学施以科学素质教育，否定过去在教学方法上采用的"填鸭式"教学。在教学观方面，则应在高职生主体论的教育思想指导下，改革高职化学的教学方法，积极探索"问题—探究式""启发式""讨论式"的教学方式在高职化学中的应用，用恰当的普通化学内容引导高职生进行科学探究。在这个过程中，要注意遵循"循序渐进"的教学原则，进行长久的教学实践，使其逐渐内化成高职生的科学素质。

（二）改革课程结构和教学内容

科学素质教育否定过去只重视化学知识的系统传授而忽视了学生的个性、能力和素质培养的做法，重视全面发展的教育，重视对学生进行科学思维、科学方法的训练。因此，从培养高职学生的科学素质这方面来讲，在内容上，应重视讲授基础和知识的基本结构，重视讲授化学理论的产生过程，使高职学生得到科学方法和科学思维的训练。在这个过程中，一定要遵循"因材施教"的教学原则。在内容讲授上，还要将环境保护教育、美育教育渗透到普通化学教学之中，增强学科之间的渗透性，打破学科课程的壁垒。加强化学与社会的联系，使科学教育与人文教育有机地结合起来。在课程编排上，删除陈旧繁琐的内容，把人们普遍关心的环境问题、能源问题编入教材，适当增加学科前沿知识。教材的改编要符合实际，以化学原理、化学知识内容为主。

第二节　高职化学教学中践行素质教育的策略

一、基于合作的学习

合作的意识和能力是现代人应当具备的基本素质，推动现代科学发展的一个重要因素就是人与人之间的相互协作。对传统的学习方式进行反思，我们发现学生在学习中很少有合作互助的机会，合作的意识和动机显得十分淡薄，这种学习方式使他们缺乏合作的愿望和冲动，不愿与他人一道分享学习成果。长此以往，难免会造成学生之间的相互隔离、嫉妒、疏远和对立。建立在合作基础之上的学习方式，要求学生将自身的学习行为有机地融入到小组或团队的集体学习活动之中，在完成共同的学习任务时，展开有明确责任分工的互助性学习。

每一位学生都可以积极表达自己的意见，与他人共享学习资源。这样的学习方式能有效转化和消除学生之间过度的学习压力，有助于引导学生在学习中进行积极的沟通，形成责任感，培养合作精神和相互支持、配合的良好品质。

二、基于问题的学习

基于问题的学习方式，就是要求学生以问题作为学习的载体，自觉以问题为中心，围绕问题的发现、提出、分析和解决来组织自己的学习活动，并在这样的活动中逐步形成一种强烈而又稳定的问题意识，始终保持一种怀疑、困惑、焦虑、探究的心理状态。学生学习的过程就是一个由发现新问题为起点，到解决新问题为终点的过程。衡量学生的学习，重要的不是看学生掌握了多少，而是看学生发现了多少；重要的不是要学生解决问题，而是让学生善于发现问题，主动提出问题，有勇气面对问题；重要的不是学生提问的正确性、逻辑性，而在于学生发问的独特性和创造性。只有学生以自己敏锐的洞察力发现了问题，学习才有强大的动力，才能真正开启心智的大门，才能真正激发学生学习的热情，学生才能真正领略到学习的乐趣与魅力。无疑，这种感受的获得比解决一个问题更重要、更有意义，这正是基于问题的学习方式最终追求的目标。

三、基于实践的学习

实践活动既是认识的源泉，又是思维发展的基础，学生学习知识的获取，学习技能的培养，学习素质的提高，无不是在实践中得以实现的。在这个意义上，我们说学生的学习是以实践为基础和生长点的，学习与实践是相辅相成、相互依存、互为统一的有机整体。学生学习书本知识固然很重要，但仅限于此显然远远不够，因为现成的书本知识是他人的认识成果，对于学生来说，并不是他们亲自得来的，是一种间接知识，是一种偏于理性的、尚未和感性认识结合的、不完全的知识，学生要把这些知识转化为自己的东西，转化为能够理解运用的东西，还必须有一定的直接经验和感性认识为基础。这就必须使学生在学习过程中加强实践活动的开展，如以认识事物、获取知识、发展能力为目的的认知实践，以处理自身日常事务为目的的生活实践，以处理与他人相互关系、与他人交流合作为目的的交流实践等。

显然，作为学生生活的重要部分的学习活动也应深深地根植于实践。学习不是一种封闭在书本上和禁锢在屋子里的机械识记的过程，在某种意义上，学习与生活、实践有着相同的外延，是"合一"的。只有在多姿多彩的社会实践中发掘学习资源，学习才是生动的、鲜活的、真实的；只有在丰富多样的社会实践中展开学习过程，学习才是完整的、详尽的、美妙的；只有在绚丽多姿的社会实践中体验学习感受，学习才是亲近的、深刻的、诗意的；只有在变化多端的社会实践中评价学习成果，学习才是高效的、智慧的、灵动的。由此我们认为，新的学习方式是基于实践的，它定然以实践为依托。

四、基于探究的学习

学生的学习过程是一个永无止境的探究过程。传统的学习规则否定这一属性，片面地将学生的学习理解为一种特殊的认识过程：在认识条件上，学生的学习是依赖教师的，是在成人的控制下进行的；在认识对象上，学生的学习是以人类积累的知识经验特别是书本知识为主的；在认识方式上，学生的学习主要是"接受"和"掌握"。在这种观念指导下学生的学习是一种满足于被动接受知识传输的学习，是偏重于机械记忆的学习，这样的学习方式使学生的主体性与能动性丧失殆尽。从能动的反映论来看，学生的学习总是以自己现有的需要、价值取向以及原有的认知结构和认知方式为基础，能动地对所要学习的内容进行筛选、加工和改造，最终以自身的方式将知识吸纳到自己的认知结构中去。这表明学生学习不是被动接受和认同，不是对现有知识的直接占有，而是带着"个人的自传性经验"独立分析、判断与创造的活动，这是一种基于自己与世界相互作用的独特性经验之上的"继续小断的构建"过程，是一种积极主动的探究过程，有着浓重的创新色彩。

由于各个方面的原因，人们对探究学习经常出现一些误解：一是对探究学习的神化，二是对探究学习的泛化。学习过程中必须有学生自主探究的活动内容，但又不能机械理解为整个学习活动必须完全由学生自己提出、研究和解决每一个问题。实际上，探究学习的关键在于激发学生独立思维，无论是直接还是间接地接触所要解决的问题，只有真正调动学生独立思考的积极性，才有可能形成一种探究式的学习。我们倡导探究学习，主要是要求学生经历与科学工作者进行科学探究时的相似过程，从中掌握有关的知识与技能，体验科学探究的乐趣，学习科学探究的方法，领悟科学探究的思想和精神。注重的是过程而不是结果。

五、基于网络的学习

进入 20 世纪 90 年代，以计算机多媒体和网络通信技术为核心的信息技术飞速发展，人们开始向网络时代阔步迈进。在教育领域，网络信息成了教育的重要资源，计算机辅助教育正走向普及，教育信息化、现代化的进程正逐步加快，网络技术对现行教育的优化和生产力的开发起到了重要作用。

建立于网络技术和网络信息基础之上的学习方式，将越来越显示出其强大的生命力。一方面，指导学生根据当前的学习需要引进网络技术，充分发挥网络在学生学习中的辅助功能；另一方面，指导学生学会根据网络技术所能提供的条件，主动地设计自身的学习活动，提升网络在学生学习中的基础性功能。要求学生在网络学习中增强搜集信息、获取信息、筛选检索信息、加工处理信息、储存利用信息的能力，正确处理好主与辅、多与少、人与机、虚与实等关系，追求网络技术的人本化应用，使学生成为网络学习的主人，而不是奴隶。

第三节　高职化学教学中素质教育的渗透路径

一、渗透式教学的概念、内涵

所谓渗透式教学，就是教学者依据一定的教学目的，借助一定的载体，营造一定的氛围。在以传授专业知识为主的课堂上，通过添加一些相关的非结构化知识，在提高学生兴趣的同时，引导学生去感受和体会，使他们在耳濡目染和潜移默化中自觉或不自觉地生发出教学者所倡导的理念，从而使学生的综合素质在感染和陶冶中得到优化。我们常说的"随风潜入夜，润物细无声"可以作为"渗透式教学"含义的形象概括。

渗透式化学教学就是以提高学生的化学专业文化素养为核心，在化学教学中注重专业学科知识的穿插、渗透、拓展、延伸并丰富化学教学的内容和空间，实现与学生专业职业技能培养的有效接轨，为学生提升综合职业能力和适应职业变化的能力打下良好的基础。这里所说的"渗透"不是生拉硬扯、牵强附会、画蛇添足、油水分离，而是灵活运用、有机整合、科学对接、协调统一，既全面提高高职学生的文化素养，不失去高职化学教学的独立个性，又能够促进其专业学习，使其专业技能同步提高，真正做到"双赢"。

二、在化学教学中渗透素质教育的原则

（一）课堂中小组讨论形式的运用

1. 为了培养学生的灵活思维，应该实行分组实验

在小组的分配上，为了避免造成课堂秩序的混乱，为老师的管理带来不便，每组人数应该控制在 4 到 6 人之间，并且任命小组长。在老师提出问题或给出实验方向之后，小组长要对组员进行合理分工。例如，一个组员负责阅读实验步骤，一个组员负责按照步骤进行实验，一个组员负责总结实验结果并发言，等等。这样也可以提高小组长的组织能力、领导能力。

2. 教师必须根据学生自身特点和学习基础，合理分配

学生的分配必须合理。即把学习较为优秀、思维较为敏捷、性格较为外向，或者对化学这门学科有着特长和特殊爱好的学生与成绩较为不理想、缺乏自信和独立学习能力，或接受能力较慢、学习基础薄弱的学生互相搭配，建立一个"强带弱"的教学模式。这不仅可以达到教学资源上的均衡调配，也可以充分调动高职学生学习的积极性，培养其学习兴趣，树立其自信，给予学生一个轻松自主的学习环境。这也符合如今新课改政策对素质教育的提倡，有助于把学生培养成德、智、体、美、劳全面发展的优秀实践性人才。

（二）确保课堂语言的合理性，加强师生交流

传统的应试教育与应试课堂较为死板，其状态一般表现为"教师一言堂，学生埋头苦干，题海战术"。然而，在素质教育的倡导下，如今的新型课堂应该充分贯彻"以人为本"的基本精神，也就是要加强师生之间的交流。教师应该鼓励学生对自己的讲解多提出质疑和问题，并且告诉学生，答案不是唯一的，从而促使学生充分发挥主观能动性不断探究新的试验方法和解题手

段。教师在课堂语言的应用方面，以柔和、鼓励为主，尤其是对那些功底薄弱、缺乏自信的学生更应如此。例如，在学生不能回答出问题时，应面带微笑，做出提示，倘若学生还是一言不发，就语重心长地出言敦促，切忌语言过于急躁，不要导致的学生自尊心受到伤害的情况发生。这样才能促使学生充分树立"课堂主人翁"意识，不仅有利于和谐师生关系的建立，同时有助于提高学生的自信心和学习热情。

（三）多举实例，倡导学生将化学与生活相结合

素质教育提倡的是实现学生从"高分低能儿"到"实践性人才"的根本转变和飞跃。换而言之，想使得学生对化学的学习兴趣有大幅度的提高，就必须向其展示化学的实用性。因为只有将所学知识和实际生活实际用途相结合，才不至于造成书本知识和实践运用之间的断层，这一点及其重要。教师可举出实例，让学生去发掘"生活中的化学"。例如，当自行车生锈的时候，用抹布蘸取可乐擦拭便可予以清除。再如，当自己一进门就闻到了饭菜香味，这体现出分子的扩散性等。同时，教师要鼓励学生踊跃发言，积极发现生活中的"化学"，这样不仅有利于活化学生思维，提升其学习的自觉性和独立思考能力，而且有利于"处处留心皆学问"的学习精神的贯彻。因此，让学生去发掘生活中的"化学"，填补理论和实际工作中的断层，有助于其将来的发展。

三、高职化学教学中素质教育的渗透策略

（一）培养辩证唯物主义的科学世界观和科学思想

由于哲学方法高于自然科学方法，指导着自然科学的研究，因此在高职化学的教学中，教师不仅要教给学生化学知识，而且应该培养学生的辩证唯物主义世界观和科学思想。其培养的目标是：让高职生在普通化学的学习中，树立辩证唯物主义的科学世界观。在培养的原则上，采用因材施教，使科学教育与人文教育相结合、科学精神与人文精神相结合。

在方式上，则可以采用结合教材内容进行渗透性教学的培养途径。例如，

在学习元素周期表和元素周期律时，让高职生明白"元素的性质随原子序数的递增而呈周期性变化"这一规律在认识论上经历了实践、认识、再实践、再认识的认识发展过程，经历了肯定到否定的矛盾规律。

在高职化学的教学内容中，还包含着许多有关辩证唯物主义方面的教育素材，如化合与分解、氧化与还原、酸碱中和反应与水解反应、化学平衡等知识中都包含了对立统一和一分为二的观点。这些都是培养高职生辩证唯物主义观点的好材料。

（二）培养科学创新精神

创新精神是指在学习、工作中推动主体运用变化、组合等手段进行探索，从而获得新的知识与能力，受主体个性特征（如动机、情感、兴趣、态度）等制约的一种特定心理状态。在高职化学的教学中，就是要把培养学生的质疑精神和冒险精神作为科学创新精神培养的目标。质疑精神就是学习者应有强烈的好奇心，敢于独立思考、质疑问难；敢于大胆发言，激烈讨论，爱追根究底，勇于探索与开拓；敢于怀疑，敢于提问，具有创新精神的心理基础。冒险精神是指不"安分守己"，不迷信权威，敢于标新立异、推陈出新，敢于想象猜测、大胆设想。冒险精神是科学创新精神必不可少的。在培养创新精神时应遵循探索性原则，超越模仿的原则。

（三）融入思想品德教育，培养科学情感和科学精神

思想品德教育是科学素养教育之本，对高职生进行思想品德教育是普通化学教学不可推卸的责任，教师要把思想教育渗透在教学内容中，寓教于德、寓教于行，培养出具有爱国主义思想的科技人才。而学生的科学情感、科学精神的产生，一方面来自于学生自己对专业的热爱，另一方面来自于他们所受的教育。因此，在高职化学的教学中，教师要把培养学生热爱科学、形成良好的科学态度和具有探索科学真理的科学品质作为培养的目标。为了达到这个目的，可以采取"有的放矢，循序渐进"的培养原则。

我们不指望一次的思想教育就使学生产生共鸣,形成良好的科学态度而一劳永逸,而是要适时地结合教材内容,进行有的放矢的教育,并通过课堂介绍、文献查阅等培养途径来进行。例如,结合电离理论,介绍瑞典化学家阿仑尼乌斯知难而进,经不懈努力,创建了电离理论,当他将自己的结果公布于众时,却受到冷嘲热讽,说他的理论是"奇谈怪论"。但他敢于超越权威,坚持真理,用更多的事实证明了自己的电离理论的正确性。关于像瑞典化学家诺贝尔在制硝化甘油所表现出来的科学态度和科学精神以及其他的一些科学家所表现出来的科学品质等,可让学生去图书馆或在网络上查阅文献资料而得知。科学家为科学事业献身的精神是可歌可泣的,他们的优秀品质和执着精神将激励学生热爱科学,献身科学。

(四)激发学生兴趣是培养学生素质的关键

爱因斯坦说过:"兴趣是最好的老师。"一个人只要对某件事产生了兴趣,就会激发其原动力,想方设法克服一切困难积极主动地学习、探索和创新。教师可以利用化学上的一些名人轶事、重大发现、科学发明等来激发学生的学习兴趣。例如,在有机化学"醇"中介绍诺贝尔的事迹。

(五)加强对于学生创新意识的教育

结合化学教学,适时地渗透一些古今中外的化学成果,会惊人地揭示世界的繁荣、中华民族的复兴,都是依靠了伟大的创新意识、创新能力,那么作为创新人才的主体,现代青年人更应义无反顾地走在创新前沿。所有诺贝尔奖的获得者都是凭借着深厚的知识功底、广博的知识层面、精深的知识特长、超人的创新意识才站在了诺贝尔奖的领奖台上。

譬如,侯德榜是20世纪20年代誉满世界的化工专家,为了打破当时英国在我国制碱的垄断,振兴民族工业,毅然放弃优厚的待遇,远渡重洋,从美国回到祖国,潜心研制并发明了当时世界上最先进的制碱法,为世界制碱工业做出了重大贡献。美国化学家尤里从研究开始就进入了物理与化学的最新交叉领域,后来发现"氘",1934年获诺贝尔奖。他的研究还涉猎地理、生物、天文等，在学科交叉的渗透中进行着新探索，开创了核天体物理学、宇宙化学等新学科分支，在生命进化以及太阳系、生命和元素的起源等重大课题上树起了一座座里程碑，被称为 20 世纪既有广博知识、又有创新才干的科学家。

（六）强化学生环保意识和社会责任感

世界上"八大污染事件"——伦敦烟雾事件、洛杉矶光化学烟雾事件、日本水俣病、日本痛病事件、米糠油事件等，给环境和人们的生命安全造成了极大的危害。进入 21 世纪，随着工业企业的迅猛发展，工业废气、废水、废渣成为社会和环境的严重公害，极大地影响着人们的生命和企业的生产。我国也是"三废"排放量较大的国家之一，许多地方江河被污染，气候环境出现异常，环境污染引起的事故每年多达数千次。为了加强学生对"三废"危害性的认识，提高环保意识，我们在分析化学实验水样的硬度、COD 测定中，有目的选择了自来水、家庭生活用水、被造纸厂废水污染的河水进行对照实验，通过科学实验说明污染对环境、人们生活、农业生产所带来的危害，学生看在眼里、记在心里，感受深刻，增强了环保意识、法治意识、社会责任感。

第四节　高职化学实验教学中学生综合素质的教育

一、学生工作作风的培养

职业教育培养的是职业人才，其工作作风是职业人才素质的重要内容之一。教师应从职业指导的高度，对学生的工作作风严格要求并正确引导。要做到这一点，教师自己首先要做到上课不迟到、不早退，实验前做好充分的实验准备和周密的安排。其次是教师在实验指导中要坚守岗位，加强巡视，耐心指导，不做与实验无关的事，不闲聊。以自己严谨的工作作风做出表率，培养学生对工作认真负责、一丝不苟的敬业精神，增强学生的社会责任感和精益求精的工作理念，培养学生良好的工作作风。

二、学生科学素养的培养

化学是一门实践性很强的学科，在对学生进行化学知识传授和实践能力的培养中，教师更应注重学生科学素养的培养。教师应加强教学研究，努力提高自己的教学水平和教学能力，向学生传授正确的操作方法，并说明相应的科学原理，使学生明白为什么；向学生传授分析问题、解决问题的方法，使学生学会思考、观察，提高学生分析问题、解决问题的综合能力；向学生传授科学的思想和意识，使学生养成严格按科学规范的操作程序进行实验的习惯。教师要勤于巡视观察，善于发现问题，特别是要及时纠正带有共性的问题，并引导学生用已学知识去分析实验操作的错误所在，树立学生的自信心。

要抓住一切机会对学生进行科学素养的教育和培养，使学生养成尊重科学、尊重客观事实的品质。教师要引导和鼓励学生大胆思考、大胆提问。对学生好的想法、好的做法进行及时的肯定。鼓励学生通过认真思考和分析后提出对实验方案的改进意见，为学生创造成功的机会，让学生体会成功感、成就感。要通过设计一些综合性、探究式实验，培养学生的创新精神。

三、学生职业道德的培养

在开展职业教育过程中，对受教育者进行职业道德教育是重要内容之一。职业道德是具有职业的人在履行职业职责的过程中应遵循的特定职业思想和行为准则，即正确处理职业内部、职业之间、职业与社会之间、人与人之间的关系应遵循的行为规范。职业道德既是对职业者在职业活动中的行为准则，又是职业者对社会所承担的道德责任和义务。职业道德教育的根本任务，就是提高职业者的道德素养，调整职业者的职业行为，树立严谨认真、兢兢业业搞好本职工作的职业感情和行为习惯。作为一名职业教育工作者，一定要牢记自己的责任，在向学生传授职业知识和职业技能的同时，向学生进行职业道德的教育，进行职业指导，帮助受教育者树立正确的职业道德观念。

四、学生安全意识的培养

化学实验通常涉及安全问题，作为一名从事化学及相关工作的职业者，必须对化学实验中可能存在的安全及其隐患问题高度重视。教师应在实验指导时对实验中可能出现的安全问题进行预防，要向学生传授安全知识，传授规范、正确的实验操作方法、操作技能，进行经常性的安全教育，使学生牢记"安全"，发现隐患及时处理。同时，也要帮助学生克服畏惧心理，正确对待实验，培养学生规范、细心、大胆的实验操作素质，树立安全第一的意识。例如，对实验室的水、电、气、火等的安全问题，化学试剂、药品、反应产物、废弃物等的毒性、腐蚀性、易燃性、爆炸性等问题，玻璃器皿、仪器设备使用的规范性、安全性等，要让学生引起高度的重视。

五、学生环保意识的培养

由于安全问题可能直接伤害学生本人或其他学生，因而可以引起学生的重视而易于让学生接受。但环保问题多数是隐患性的、间接性的问题，因此学生环保意识的培养则存在一定的难度，教师必须经常性地对学生进行环保意识教育，引导学生关注化学实验可能带来的环保问题，培养学生站在环保的角度分析问题、解决问题的意识和能力。在确保实验能够正常、顺利进行的前提下，大力提倡"能少用的试剂、药品尽可能少用，能回收的物品尽可能回收，需集中处理的尽可能集中处理"，节约水、电、气及实验用品。教育学生牢记"节约是最大的环保"，环保不是口号，而是处处存在的大事。

六、学生人文素质的培养

人们常说，人生在世有两件事，第一是"做人"，第二是"做事"。对于职业教育而言，人文素质教育主要是教学生如何"做人"，而专业素质教育则是教学生如何"做事"。学生人文素质的培养是学生综合素质培养的重要内容之一，在学生化学实验的指导中，培养学生的人文素质也是实验指导者应尽的职责。在高等教育从精英教育迈向大众化教育的今天，人文素质教育在人才的全面发展中起着重要的作用。实验课具有师生交流方便的优势，教师应充分利用这一优势，通过自己的人文素质影响学生。教师可通过有声的语言，如提问、师生讨论、与学生交流等双边活动，或无声的态势语言如手势、眼神等，将自己良好的思想观念、价值准则、思维方式、文化修养传授给学生，可通过悉心指导学生做实验预习报告、实验报告、小论文等培养学生的文字表达能力、论文撰写能力；通过纠正学生在实验时不当的坐姿、站姿、走姿（例如有的学生做实验时习惯趴在实验台上，有的学生做实验时单腿跪在凳子上，有的学生做实验时将公用试剂（滴瓶、试剂瓶等）拿到自己前面，有的学生喜欢穿拖鞋，实验台面上仪器、设备、试剂瓶等摆放零乱），来培养学生良好的行为习惯，树立正确的审美观。

第五节　高职有机化学教学中的素质教育

一、在有机化学教学过程中培养学生综合分析和自学能力

有机化学是一门典型的理工学科，特别注重理性思维。在教学过程中，一定要注重"授之以渔"，就是教给学生学习的方法。有的学生学习不好，基础差是一个原因，更重要的是缺乏自信和良好的学习方法、习惯。而教师要做到的就是让学生从小处入手，慢慢建立自信，再形成良好的学习习惯。有机化学中最简单的要数系统命名法则，通过举例，学生发现并不难学。然后就过渡到结构部分，一定要从最简单的化合物烷烃类入手，让学生真正懂得什么是共价键。最后，由表及里，就到了化合物的性质，结构决定了有机化合物的性质。有了这些过程，慢慢地，可以在一些问题上让学生展开讨论，让他们用自己学过的知识试着去解决一些问题，如果他们确实做到了学以致

用，那他们就拥有了一定的综合分析问题的能力。这些将激发学生的学习兴趣，很好地培养他们的自学能力。

二、在有机化学教学过程中引入科学家的历史事件开展人文素质教育

大多数人都认为人文素质教育与理工科课堂关系不大，因为这样的课堂很难洞察学生的心灵，触及他们的灵魂，但笔者认为不然。虽然有机化学课堂上这样的机会很少，可教师却可以在很有限的时间对学生们的灵魂进行撞击，迸溅出思想上的花火。学生也可以在大脑进行快速信息接收处理的过程中，享受片刻的宁静，唯有此时，才能让他们接受精神上的洗礼。有机化学的第一次课堂上老师都会讲解有机化学的发展史，而不得不提到的科学家就是德国科学家维勒，1928 年仅 28 岁的他首次利用无机化合物合成了有机化合物，打破了当时人们认为的有机物中有神秘的"生命素"，且只能从有机体中获得的禁锢。从这个事件就可以点拨学生：不要过分相信权威，在实践的基础上，一定要大胆怀疑，尊重事实，坚持真理。当我们讲到有机化合物硝酸甘油时，必须提到伟大的化学家诺贝尔。诺贝尔为发明硝酸类炸药做出了巨大贡献，但诺贝尔晚年的时候看到炸药的存在让战争伤亡变得更加严重和残酷时，他非常懊悔和自责，为此他逝世前特别设立了诺贝尔和平奖。在这里我们可以告诉学生：一个人有才无德是非常可怕的事情，他们的存在将会让我们这个世界变得灰暗。反过来，有德无才的人却可以在自己的位置上默默闪光。所以，品德比一个人的才华更加重要。勇攀科学高峰的科学家们大都有着非常励志的故事，这些都是我们对学生开展素质教育的典型题材。

三、重视实验教学过程中学生职业素质的培养

作为一门以实验为基础的学科，有机化学的实验技能培养至关重要，它的重要性不仅体现在培养学生的动手能力上，更应该体现在培养学生的动脑

能力上，因为仅具备动手能力的"工具人"还不能算是全面协调发展的、能满足社会需求的实用型人才。但动脑能力在实验教学过程中往往被忽略，学生习惯于"按方抓药、按部就班"的实验模式，对于每一步的操作和现象也容易"知其然不知其所以然"，这样的结果导致了实验顺利完成后学生感觉自己像走过场一样一无所获，实验不顺利的学生没有自主分析失败原因的能力，可能会通过抄袭实验报告来掩盖实验失败的事实。而独立思考、分析问题、解决问题的能力是实用型人才不可或缺的职业素质之一，因此高职有机化学实验教学应在培养学生操作技能的同时，注重培养学生动脑能力。在实验开始前布置学生做足预习功课；实验讲解过程中教师应深层次挖掘实验现象背后的实验原理，运用提问和启发的教学方法促使学生主动思考并分析实验现象产生的原因；实验过程中密切关注每组学生的实验情况，敦促学生详细记录现象，随时提问并给予指导；实验结束后布置相应的思考题，督促学生再次巩固实验所得。这样的教学步骤可使学生成为学习的主体，在每次实验中能够获得更多的动脑锻炼，加深对实验背后原理的认识，养成独立分析思考的能力，促进动手能力的提高。除此之外，有机化学实验教学中能够进行素质教育的切入点还有很多，比如端正学生对于实验失败的态度：不应隐瞒，而应积极对待查找原因，写出失败总结，这样做可以培养出学生尊重事实的科学素养、实事求是的人生态度、不怕失败的抗挫折能力；对于学生所在的实验小组，可以培养学生的团队意识，引导学生在完成实验过程中锻炼自己与他人沟通合作的能力等。

四、通过总结学习有机化学的规律来提高学生的可持续发展能力

古人云："授人以鱼不如授人以渔。"高等教育的一个重要任务就是教会学生自主学习。当今社会科技发展日新月异，学生在校园内所学知识随时面临更新换代，面对新科技的更替，自主学习能力的高低显得尤为重要。而对于学生自主学习能力的培养，专业课教师有着不容推卸的责任。课堂是非

常好的培养学生自学能力的阵地，每一门专业知识都有其自身规律，专业课教师在传授知识的同时，更要注重对于知识内部规律的分析和讲解，教师在总结规律和学习方法的时候就是在潜移默化中提示学生形成适合自己的一套学习方法。虽然学科不同，但学习的规律是相通的，因此不论今后从事何种职业，行之有效的自主学习能力都会提高学生的可持续发展能力。有机化学知识具有很强的规律性，因此非常适合用以培养学生的逻辑思维能力。教师在课堂讲解过程中可以在把握主线的基础上对知识进行归纳总结，找出有机化学的相互联系。

在高职有机化学教学中开展素质教育，也对教师提出了更高的要求。首先，教师自身要有较高的道德修养水平，"德高为师，学高为范"，在对学生进行素质教育的同时，教师也要查找自身是否已经具备了所提到的品质，因为教师的人格感染力是其他任何教学手段不能替代的。其次，要有较高的敬业精神和业务本领，提高备课和讲课质量，从课堂教学中寻找到合适的素质教育切入点，尽可能运用自然流畅的方式将素质教育融入教学内容，切忌生搬硬套，给学生牵强之感。最后，要紧跟时代发展，关注教育教学改革创新和学科的新技术进展，及时将更多更好的方法引入到教学过程中，提高自身教学水平。

第八章　高职化学教学的创新性发展

第一节　高职化学教学有效性的提升路径

一、加强教学内容的专业性与职业性

高职教育同普通本科教育不同，其更加注重对人才专业能力以及职业能力的培养。因此，高职化学学科的教学内容应当同本科的教学内容有所区别，应当加强其专业性及职业性。为此，高职的化学课程教学内容必须进一步地围绕专业的设置进行优化，在理论知识足够用的情况下，尽可能地加入实践课程。可以删掉一些与专业联系不大的理课程，并串联课程的所有知识点，形成由易到难的内容体系。

在教学的过程中，从简单处着手，随着学生们对知识的掌握，逐渐地增加内容难度，这样层层递进地进行学习，学生们更容易把握所学内容。此外，还需要多多运用实验课，让学生们在试验中验证化学理论，不仅能够使他们加深对理论知识的理解，还能够锻炼他们的实践能力。教学内容逐步从基础理论向专业知识迁移能够在确保专业知识传授的同时，让学生们参与到实践中去，让理论知识真正地为专业服务。

二、加强对实践课程的重视程度，注重实践教学

高职教育的目的是培养出更加适应社会的一线高技能人才，因此，在培养学生的过程中必须要注重对他们的动手能力的培养。就目前就业市场的反馈来看，动手能力不强依然是高职毕业生面临的主要问题。就化学这门课程而言，在教学的过程中会有很多的实验。学生们通过自己动手进行操作，能够起到培养创新思维和创新能力的作用。但是，很多教师在授课的过程中没有给予实践课程足够的重视，或者为了避免发生不必要的意外，很多老师是自己做实验，让学生们观看，这种方式剥夺了学生实践的机会，对于学生们

实践能力的培养有着极为不利的影响。因此，化学教师应当转变自己的教学思路，采用理论课与实践课相结合的方式，多给学生们一些实践机会，让学生们在实践中加强对理论掌握的同时，锻炼他们的动手能力。

三、将多媒体技术应用于课堂教学，提高学生们的学习兴趣

近年来，多媒体辅助教学已经普遍被人们运用于高校的教学过程中。多媒体辅助教学能够给学生营造一个声文并茂的教学情境，很多抽象、不方便用实验来论证的理论概念也可以通过多媒体模拟出来，生动地展示给学生们，因此，此种方式很容易引起学生们的学习兴趣，并让他们理解所讲内容，对于提高课堂教学效果有很好的帮助。

例如，"稀释浓硫酸"这个实验是个危险系数比较高的实验，学生们在将水和浓硫酸混合的过程中，很容易会出现液体飞溅的情况，而浓硫酸腐蚀性特别强，一旦溅到身体上必然会对人产生一定的危害。再如，在利用排水法来收集氧气的实验中，有的同学在对试管加热的过程中就进行收集氧气的操作，结果试管发生爆炸造成身体上的损伤。在此种情况下，采用多媒体辅助教学，利用多媒体技术来演示实验，不仅能够真实地向学生们展示实验的过程以及实验发生的现象和结果，同时还能够避免试验中所存在的安全隐患，同时大屏幕播放的方式也能让每一个同学都得到亲身经历的感受，能够有效刺激他们的感官，带动他们积极地进行思考，提高他们对化学的学习兴趣。

四、采用多元化的考核方式，注重过程评价

目前高职学校化学学科的考核一般还是采用普通高校闭卷考试的方式，这种方式重点考核的是学生们对知识的掌握程度，但是缺乏对他们实践和动手能力方面的考核，与高职教育的目的存在着些许背离，不能达到对学生们的化学综合素养进行合理评价的效果。为了加强考核的有效性，在对学生们进行化学学科的考核时，建议可以将考核设置为过程考核、情境考核以及综

合考核三部分。过程考核包括对学生们上课的出勤率、上课时的学习态度以及课堂表现、作业完成程度等方面的考核；情境考核包括理论知识的测试以及实际操作能力的考核；综合考核可以在期末让学生们通过抽选项目的方式，对其理论知识及实践能力进行考核。此三项考核按照一定的比重来组成学生们的总的评价得分，这种方式能够避免学生们在临近考试的时候通过死记硬背来应付考试的情况，同时能够对他们做出更加全面的评价。

第二节　高职化学教学中学生创新能力的培养

一、高职化学教学中学生创新能力培养存在的问题

（一）培养学生创新能力的意识不够

创新能力的重要性不言而喻，但是很多老师在进行高职化学教学的时候，还是不够重视学生创新能力的培养，在进行高职化学教学的时候依旧使用以往落后的教学方法，这就直接导致了在教学的时候不重视创新。老师在讲课的时候还是以自己为中心，进行知识的灌输，学生提出的一些意见或者建议，老师也不够重视，这对于学生创新意识和创新能力的提高是非常不利的。

（二）受传统教学模式的影响

在以往的教学过程中教师只是作为知识的传输者，将书本上的信息传递给学生，让学生掌握教材重点，在考试中正常发挥。这种应试教育使得学生形成一种错误认识，认为教师传授的知识都是正确的，只要学好课本内容就可以，对于教科书上的知识从来都坚信不疑，完全信赖教材，使得学生逐渐丧失提问质疑、独立思考的能力，也就间接限制了学生创新能力的发展。

另外，教师在这种传统的教学模式下，没有发挥教师应有的引导作用，一味地传输知识，一切的教学安排都是为了取得学习成绩。对于问题的答案有统一标准，不同的题型有不同类型的答题模式，这种在习惯性思维的套子里答题的方式严重阻碍了学生发散性思维的发展，导致学生的思维受到限制，回答的风格千篇一律，更不用说对问题进行探究，发表自己创造性的想法和

见解。学生的思维被传统的教学模式限制，那么就限制了学生创新意识和创新能力。

（三）培养创新能力的教学方式不完善

高职学生创新能力的培养，是在理论学习的基础上通过具体的实验操作训练来提升的。但是在实践中，高职学生面临较重的高考压力，实验课的数量被相应的缩减，并且高职实验教学的条件相对较差，学生的创新能力培养缺乏必要的硬件条件。此外，教师更多的是沿用传统教学方式，缺乏创新教学的相关经验，这些都导致学生的创新能力培养受到不同程度的限制。

二、高职化学教学中学生创新能力的培养策略

（一）注重培养学生的创新意识

创新意识对于创新能力有很大的影响，但由于长期受到应试教育的影响，大多数学生的创新意识比较弱。因此，在日常的高职化学教学中要注重培养学生的创新意识。在高职化学教学中，我们可以灵活运用各种教学辅助工具，为学生营造良好的教学情景，活跃课堂的教学氛围，调动学生的学习兴趣，充分发挥学生学习的主观能动性，使学生主动地发现问题、分析问题，最终解决问题。另外，教师还可以抓住时机，创设问题情景，使学生养成积极思考的习惯，最终使学生的创新意识得到培养。例如，可以在学生进行实验时除了按照教材上的步骤、剂量等要求操作以外，还可以让学生探索在改变实验条件和添加试剂的剂量等方面时实验会发生的变化。这样，学生的探索热情高涨，教学效果就会大大提高，在潜移默化中使学生的创新意识得到培养。

（二）引导学生掌握正确的学习方法

正确的学习方法是培养创造性思维的前提保障，学生只有掌握正确的学习方法才能够高效地学习，灵活地思考。教师在教学过程中不应该只是进行知识介绍，更要引导学生进行探索，培养学生发散性思维，教会学生从不同角度看待问题，以创造性方式解决问题。在教学过程中教师应该让学生大胆质疑，对于教科书或是教师的讲解，当出现意见分歧的时候可以大胆地提出

来，让学生对现象进行深入思考，探寻本质内容。在教学过程中应该鼓励学生多提出自己的想法，比如，在进行课堂实验演示的时候，可以在实验开始之前，先给学生讲解实验原理，让学生了解实验会发生怎样的现象，通过实验让学生进行具体观察。在实验装置的检查阶段，可以让学生发表自己的看法：实验设备存在哪些不足的地方，如果改进则应该怎么做？这样一个开放性的问题能够发散学生思维，让学生更多地联系实验考虑问题，引发学生思考。正确的学习方法能够激发学生的学习兴趣，让学生养成良好的质疑提问习惯，培养学生创新意识。

（三）注重培养学生提出问题的能力

学生的质疑能力是培养学生创新能力的重要组成部分，因此在日常的高职化学教学中，教师要鼓励学生发现问题、提出疑问，且教师要耐心地聆听。在传统的高职化学课堂教学中，教师常采用教师提问学生回答的方式进行教学，而培养创新能力需要学生自己发现问题，或者提出质疑，然后通过自身的努力探究解决问题。这样的过程，才有助于培养学生的创新能力。例如，氮的非金属性比碳强，为什么碳比氮气容易被氧化呢？类似的问题可以引导学生反向思考："性质反映什么结构呢？"在化学实验教学过程中训练学生观察和思考，这就要求教师在化学实验教学过程中，不仅要引导学生观察什么和怎么观察，更要引导学生思考什么和怎么思考。

（四）优化课程体系

课程是学科教育的基础，对学生创新能力培养具有重要的影响作用。新课程改革要求，高校必须要对自身的化学课程教学体系做出调整和优化，为学生创新能力培养营造良好的环境和氛围。学生创新的基础是扎实、丰富的理论知识，这其中不仅包括学科知识和专业知识，还包括通用知识和创新知识。为此，高校应该适当调整化学教学课程安排，分配一定量时间进行创新教育，不断扩展学生的学识范围、丰富学生的化学知识。同时，高校还应该注意设计简短精良的课堂教学内容，尽量避免教师因过度细致讲解而占用学生思考时间，应在保证学生充分理解和吸收化学知识的前提下，适度给予学生自主探究、发现、思考的空间和时间，潜移默化中完成对学生创新能力的培养。另外，教师需要树立正确的教育思想和观念，重视学生创新能力培养工作，有意识、有目的地开展此项工作，引导学生形成创新意识，帮助他们提高创新技能。

（五）建立实训基地

素质教育背景下，高校化学教学必须要完成理论与实践的统一。学生在创新创造的过程中，都会伴随着一些新观点、新认识的产生，但是其正确与否却很难保证，需要借助实践平台进行验证，如此才能保证创新性有效地发挥。具体而言，高校要通过不同的方法或途径，弥补学生创新实践经验上的不足，增强他们的创新自信心，强化其创新意识和创新技能。高校可以举办多种形式的创新文化活动，展示化学领域成功的创新案例，组织学生进行创新技术比赛，打造校内良好的创新氛围，刺激学生的创新兴奋性，强化学生对创新重要性的认知，激发他们潜在的创新意识，让其在创新中获取知识、寻找快乐。与此同时，高校还应该加强化学教学一体化建设，积极寻求相关单位或企业的合作，为学生提供创新实践的机会和场所，借助企业生产实践这一平台，树立学生理论与实践辩证统一的观念，让学生有的放矢地进行创新，保障学生创新能力与时代发展需求相符，体现出创新服务于生产实践的价值和功能。

（六）健全创新机制

健全的创新机制是高校化学教学中学生创新能力培养的保障基础，它应该包括考核机制、评价机制以及激励机制等。创新能力培养既是一个教育过程，又是一个自主行为过程，需要在学生和教师的双重配合下才能完成。因此，高校应该把学生创新能力培养纳入到化学教学体系当中去，并以此为目标，制定详细的化学教学管理制度，督促教师及学生产生正确的行为，激励他们为创新能力培养和提升而努力。在此过程中，高校应该构建多元化的考核和评价机制，认真分析现代企业发展对化学专业学生提出的要求，对学生创新能力的素质、技能、思维等方面进行全面考核并给予其客观、中肯的评价，帮助学生更好、更全面地认识自己，引导其找出自身创新能力上存在的不足，以督促他们完善和提升自己的综合素质和能力，进而为强化创新能力夯实基础。根据考核得来的结果，高校还需要给予表现优异的学生适度的精神奖励和物质奖励，使其感知到创新所反馈回的回报，激励他们为创新而不懈努力。

第三节　高职化学教学的创新性发展策略

一、高职化学教学中创新性发展的方向

（一）创新教学方法，由灌输教育转变为启发教育

高职化学所学的是基础化学，但难度高于中学化学课程内容，其教学方法也必然要有所改变和创新。如果不改变教学方法，学生很难被调动起学习兴趣，久而久之学习效率也会降低。传统的灌输式教育只会压制学生的创新能力，没有起到启发学生思考的作用，在教学过程中要把握好教学深度，主抓一根线，适当延伸拓展，这样不容易造成学生思维混淆，有助于形成清晰的思路。并且教师应该适当添加案例，从案例中归纳总结，这样更有说服力，使化学理论更好地应用于实践，让学生看到实用性，启发学生的自我创造力。这种教学方法归根结底就是分析案例、对概念进行清晰的阐述、对原理进行明了的归纳，尽量做到让教材内容通俗易懂。

（二）改进学习技巧，不仅"学会"更要"会学"

高职化学教学包括教和学两方面，教师和学生的学习方法也不能照搬中学学习模式。教师的职责是在引导学生完成学习任务的基础上能够学会自主创新，充分理解了原理后可以运用自如，总结学习技巧。学会后还要"会学"，课前预习是必不可少的，这有助于教师在下次课上解决预习中不懂的问题和新遇到的问题。会学不仅仅是预习了课本，而是培养了学生的自学能力，这

是很重要的，尤其是一旦自我知识体系形成后，学习便会成为一件得心应手的事。

二、高职化学教学的创新性发展措施

（一）将创新运用到学习方法中

高职学校的化学教学与初中相比，在知识体系的复杂程度、难度及学生学习方式等方面都有不同，因此学生的学习方法尤为重要。初中化学教学大多是为了培养学生对化学的兴趣和了解化学的基本概念和体系。而高职化学教学中，不仅要求学生要熟知化学基础知识，还要在此基础上进行专业领域的深化学习，依旧使用初中的学习方法显然是不行的。高职化学的学习过程中，需要学生对知识点进行深入分析理解，甚至动手实验才能得出结论。因此，学习方法的改革和创新很重要。不仅要培养学生的学习兴趣，还要注重鼓励学生思考，让学生学会从资料中归纳可利用的理论，进行理解分析，抓住其逻辑性，举一反三。还要培养学生的自学能力和自己解决问题的能力，这样不仅有利于学生对知识点的深入理解，而且有利于学生在工作中积极地处理困难和问题。

（二）采用先进的教学手段

采用先进的教学手段，改革传统的以教师为主、学生被动接受知识的"填鸭式"高职教学方式，转化为以学生为主体、教师为主导的现代高职教学方式，这是时代发展的要求。经过多年的探索，很多高职化学教师在教学实践中，已成功结合了多种教学方法。可以通过教师和学生互相补充，互相促进，形成了师生之间朋友式的平等关系，能激发学生的学习兴趣，提高学习效率。在教学手段上，充分利用现代网络技术，开发多媒体化学课堂教学课件，将枯燥无味的讲授变为生动活泼的图形、图像，将静止的内容动态化、微观现象宏观化、抽象思维直观化，从而打破传统方法。

（三）引用探究式教学方法

在实践探究式教学中应当适当拓宽知识面，做到内容充实先进，以激发学生学习化学的兴趣。化学的教学内容应紧跟时代步伐，重视与其他学科的交叉与渗透。例如，上课时应多介绍一些当今人们所关心的问题，如环境、能源、材料、食品等，使化学更贴近生产实际、贴近生活，以激发学生学习化学的兴趣。

（四）建立民主和谐的师生关系，营造创新氛围

心理学的研究证明，一个人如果在思想上和行动上都具有独创和革新的精神，那他就必须承担犯错误的风险。无论是对问题提出可供选择的解决方法，还是保持一种松弛的沉思态度，都要求不必过多地考虑错误的危险性。这并不意味着他可以把错误看作无关紧要的事情，而是说他会把错误看作是一种纠正原有假设或结论的信息。在这种情况下，同样重要的是，教师对于学生所犯错误一定要有高度的容忍精神。建立和谐的师生关系，师生、同学间相互尊重、相互激励，使学生成为教学主体。在平时的教学过程中，师生之间要真正做到民主与平等。老师要牢固确立学生的主体地位，要求学生做到自信、自主、自强、自励，培养学生在探索过程中知难而进、锐意进取、锲而不舍的精神，克服自卑心理和依赖思想，养成喜爱钻研，不满足于已有知识及解答的心理素质以及思考问题时力求深入、全面、缜密的习惯。要鼓励学生不迷信书本，不迷信教师，敢于独立思考，树立追求真理和发展真理的信心和勇气，这样就能激励学生打开思维闸门，去合理怀疑，去积极探索，去追求真知。在课堂上、在实验室，当学生对老师的讲解提出不同意见时，要给予肯定；学生对传统的实验结果提出质疑时，要给予关注并积极引导、展开验证。帮助学生培养乐于质疑的习惯。对学生的创新成果给予适当奖励，即使是尚未成熟的创造性设想，也要积极支持，努力保护学生创新的积极性。

（五）激发学生学习兴趣，增强学生学习的自觉性和主动性

"兴趣是最好的老师"，只有当他们感兴趣时，才能认真地听、自觉地学，才能取得较好的教学效果。因此，我们在具体的教学过程中，本着有利于培养和训练学生的各种能力，有利于知识的理解和掌握，有利于学生整体素质的提高的目的，以启发式教育理论为指导，采用多变的教学方法，例如

问题解答式、自学辅导式、讨论式等，再辅以各种电化教学手段，将纯理论的、枯燥乏味的知识变易、变活，充分调动学生学习的积极性、主动性，同时还可以培养学生分析问题、解决问题、求异思维等诸多方面的能力，使学生的语言表达能力和自学能力得到很好的锻炼和提高。如果教师在教学中没有给学生丝毫自主学习的机会，也没有为他们提供进行探究的渠道，创新也就无从谈起。因为学生创新能力的提高，不是通过教师的讲解或完全靠书本上的间接经验达成的，而是通过自己的探究和体验得来的。在探究和自主学习中，学生能够形成多方面的能力和技能，如收集材料的技能，包括倾听、观察、发问、探索、澄清；组织材料的技能，如对比异同、概括、评论、分类、体系化；传递信息的技能，如提问、讨论、撰写实验报告，等等。

（六）加强实验课教学，培养求实精神和创造能力

化学是一门实验科学。化学概念的形成和定律的建立，离不开实验事实的探讨和论证。化学实验对于学生掌握知识、形成能力具有重要意义。教学中，在认真做好课本要求的学生必做实验的前提下，大力加强学生选做实验的容量及演示实验。通过实验引入概念、得出规律、检验假设、发展思维，培养学生探究知识的兴趣和能力。

目前，化学教学正在经历从"读化学""听化学"向"做化学""探究化学"转变。而在诸多探究方法中，实验探究的方法是最常用、最主要的一种形式。近几年的一些调查发现，由于受教学观念或经济条件的制约，一些教师在化学教学中还只是注重基本概念、基本原理、基本规律等知识的传授，而忽略了实验的重要性。他们对于实验的教学只是通过一些简单的方式，如讲解、老师做演示实验、处理实验习题等让学生被动地接受，而不能让学生体验到通过亲自动手做实验得出结论、验证结论、发现规律的乐趣，制约了学生学习化学的效果。而化学实验是高职化学课程的重要组成部分，是理论知识的再实践，是培养和训练能力、提高素质的重要环节。因此，必须重视实验课的作用，将它提高到与理论课同等重要的地位，单独设课、单独考试。教师在具体的教学过程中，加强学生预习实验的检查力度，在强化基本操作

技能的训练和考核力度的基础上，多开设一些设计性强的实验，允许学生"突发奇想"，并尽可能给予支持和帮助。在实验过程中，在观察物质发生变化和各种化学现象时，就会自觉或不自觉地与已学过的知识和已有的经验联系起来，这就是一个思维活动过程。而要把观察得到的感性认识上升到理性认识，就离不开思维活动。实验不是简单的照方抓药或操作的简单重复，学生对每个实验都需要明确目的要求、实验原理、实验步骤、实验条件和注意事项，而所有这些都离不开思维。所以，化学实验有助于学生观察能力和思维能力的培养，教师必须加强实验课的教学。

（七）重视学生全面发展，培养学生健全人格特征

希腊哲学家赫拉克利特曾说：人的性格，就是他的命运，人要经受失败与挫折的考验，要防止成功后的骄傲。伟大的文学家高尔基是个性格十分坚强的人，所以能从一个杂工成为一名伟大的文学家。由此可见，成功也往往依赖于人的性格，积极、坚强的性格是产生创新能力的保证。在实验课上，教师应让学生秉持实事求是的理念，要让学生懂得实验经常会失败，成功也许很遥远，通过教学最终培养学生坚强的意志。另外，培养学生的创新能力，在观念上的转变至关重要。教师必须做到，不仅能够找出传统意义上的"好"学生的弱点，还能够发现所谓的"差"生的闪光点，更要允许那些奇才、怪才、偏才和狂才的存在。从社会对人才需求的多元化、多层次化视角出发，教师要以高度的智慧和敏锐的眼光，因材施教、科学点化、正确引导，使不同层次的学生在全面发展的基础上，其个性和潜能都得到充分的发挥，这既是培养学生创新精神、创新能力的重要手段，也是衡量在现代化学教学中一个真正的合格教师的重要指标。

（八）改革传统的教学方法，加强学生对知识的掌握和领悟

1. 充分利用现代教育技术手段

传统的教学手段是黑板、粉笔，这些手段简便快捷，教师随时可以按照课堂情况书写内容，易学易用，经济高效。但有局限性，表现形式呆板、僵硬，无法体现化学中的微观问题，且容量小，而多媒体技术则可以较好地解

决这些问题。教师以电视、录像、实物展示台等现代媒体与计算机结合的多媒体教育手段，为学生提供良好的个别学习环境，能够真正实现因材施教。计算机的模拟功能可使抽象的内容形象化、静止的内容动态化，便于学生获取准确深刻的直观感知，从而形成完整的理性认识。教师用多媒体展现有机化学中一些分子的立体结构和取代反应、加成反应的历程，可以帮助学生深刻理解这些难以理解的问题。

2. 以探究式教学为主导

传统的教学，强调其知识性，教师要致力于把最成熟、最正确的知识传授给学生，这自然是十分必要的。然而，对于科学技术日新月异的新时代，学校对培养高素质创新人才的要求，这显然又远远不够。科技方法和科学思维是最具生命力、最具创新性的因素，教师必须在传授科技知识的同时，让学生掌握先进科技方法，提高科学思维能力。新型课堂教学模式应具备的特点是：建立以学生为主体的多边互动教学机制；选择多元化的价值取向；加强教学方法的多样互补性。在教学中，教师以最简捷的形式表达出学科的发展过程和基本理论体系，把侧重点放在从这些基本核心内容出发，有效地引导学生掌握最新的、最先进的科学内容。结合教学内容，教师应从不同角度展示历史上有影响的科学家对人类发展的重大贡献，以及他们刻苦钻研、勇于创新、勇于发现、勇攀高峰的科学精神和做人准则，这对于培养学生的综合素质将起到非常大的推动作用。教师要以功能为主线，采用多样化的教学方法，灵活应用启发式、探究式的教学方法，新课的引入应以启发式为主，从简单常见的生活现象入手，因课制宜、因时制宜、因势制宜、因人制宜。教师要通过多样互动的授课形式，充分调动学生的学习兴趣、积极性和主动性，让学生学会学习、学会思考、学会创造。

参考文献

[1]周青，魏壮伟.化学教学设计与案例分析[M].北京：科学出版社，2017.

[2]基础教育教学研究课题组.高中化学教学指导[M].北京：高等教育出版社，2015.

[3]李颖奎.高职院校化学教学存在的问题与对策[J].青年文学家，2012（7）：95.

[4]高忠民.高职化学教学现状及对策探究[J].中国校外教育，2009（5）：447.

[5]马军.浅谈高职化学教学现状与改革措施[J].中国校外教育旬刊，2014（4）：103.

[6]张云梅，龚志敏.高职化学教学现状及应对思考[J].昆明冶金高等专科学校学报，2005，21（1）：78-81.

[7]肖传发.当前高职化学教学中素质教育的培养途径和方法[J].时代报告:学术版，2012（3）：69.

[8]莫海燕，祝建章.高职院校分析化学教学现状及改革的探讨[J].巴音郭楞职业技术学院学报，2012（2）：49-50.

[9]周建萍."教学做"一体化教学在高职化学教学中的应用分析[J].职业，2015（32）：35-36.

[10]吴菁.高职化学教学改革[J].中国科技博览，2010（13）：153.

[11]李辉.高职化学教学改革的思考与研究[J].教育与职业，2010（24）：112-113.

[12]李光耀.高职化学教学改革的探索[J].中国教育技术装备，2012（24）：101-102.

[13]贾宝丽.高职化学教学改革的思考与研究[J].中国科技博览，2014（44）：243.

[14]范宏，赵元霆，卑占宇.高职化学教学改革的思考[J].学园：学者的精神家园，2015（2）：21.

[15]卞常青.高职化学教学改革的构想[J].才智，2009（14）：144.

[16]赵莉.新时期高职化学教学改革的思考与探索[J].当代教育实践与教学研究，2016（9）：222.

[17]李碧清.高职化学教学改革的问题与解决策略[J].商业故事，2015（27）：31-35.

[18]王成琼.高职化学探究式教学模式的理论与实践研究[J].教育与职业,2012（20）:98-100.

[19]王林英.高职研究性化学实验教学模式探究[J].职业技术教育,2008（32）:29-30.

[20]宋绍安,张荣霞.高职化学探究式教学模式探析[J].中国成人教育,2003(6):76-77.

[21]卢晓明.探究式教学模式在高职化学教学中的巧妙应用[J].考试周刊,2016（71）:146.

[22]牛娟.探究式教学模式在高职化学实验教学中的应用[J].教育:文摘版,2016（7）:133.

[23]王成琼.信息技术环境下高职化学探究式教学模式研究[D].北京:北京师范大学,2006.

[24]虞波.高职化学探究式教学的研究与实践[D].昆明:云南师范大学,2005.

[25]张学慧.浅谈高职化学教学的探究式学习实践[J].科技致富向导,2013（12）:53.

[26]许娟.浅谈高职化学实验探究式教学实践[J].化工管理,2016（9）:13.

[27]梁建军,唐新军.论探究式教学在高职院校化学教学中的运用[J].才智,2009（2）:121-122.

[28]罗宣.多媒体在高职化学教学中的应用[J].动动画世界:教育技术研究,2011（7）:99.

[29]林月明.高职化学教学中多媒体课件的应用[J].中国科教创新导刊,2013（20）:158.

[30]秦岚.浅谈多媒体化学教学的优势及存在的问题[J].时代教育,2013（21）:234.

[31]许新兵.多媒体技术在高职教学中的应用[J].吉林教育,2008（26）:19.

[32]徐华.高职化学探究式教学模式探究[J].才智,2013（23）:159.

[33]高兴."项目化教学"在高职化学教学的运用探讨[J].现代交际,2016（11）:140.

[34]吴晓琼."项目化教学"在高职化学教学中的研究[J].成功:教育,2010(6):102-103.

[35]李艳红.项目教学法在高职化学分析课程中的应用[J].当代教育实践与教学研究（电子版）,2016（1）:183.

[36]闫峰.分层教学法在高职化学教学中的应用[J].中国成人教育,2007(10):146-147.

[37]李军.高职院校化学教学中分层教学的实践[J].林区教学,2015（8）:103-104.

[38]张晓霞.高职基础化学分层次教学初探[J].职业，2011（35）：84.

[39]侯德顺.高职院校化学分层教学研究[J].企业家天地旬刊，2013（11）：129-130.

[40]束影.对高职院校基础化学课程分层教学的探索[J].新课程研究：职业教育，2009（4）：47-48.

[41]陈玉梅.高职化学分层次教学的实践与探讨[J].太原城市职业技术学院学报，2010（3）：31-32.

[42]王海燕.高职课程分层教学模式的探索与实践[J].职教通讯，2014（3）：61-63.

[43]孙晓妮.翻转课堂教学模式在高职化学教学中的应用研究[J].长春教育学院学报，2016，32（4）：78-80.

[44]马天芳.浅谈翻转课堂教学模式在高职化学教学中的应用[J].当代化工研究，2016（6）：11-12.

[45]刘长生，刘新桥，黎湖广.以翻转课堂来推动未来高职课堂教学模式的变革[J].长沙航空职业技术学院学报，2014，14（1）：34-37.

[46]刘姣姣.论翻转课堂教学模式在高职无机化学实验中的应用[J].西部皮革，2016，38（16）：135-136.

[47]王天予.翻转课堂教学模式在高职院校中的探索与实践[J].新校园旬刊，2014（9）：103.

[48]吴春艳，刘洁.高职化学实验教学中的素质教育与创新教育[J].广东轻工职业技术学院学报，2006，5（4）：47-50.

[49]麻丽华.改进考试形式，推进高职化学素质教育[J].科技信息（科技教育版），2006（3）：93.

[50]王惠霞.谈高职化学教学中素质教育的渗透[J].杨凌职业技术学院学报，2003，2（3）：76-77.

[51]师刚.高职化学教育中科学素质和创新意识的培养[J].甘肃科技纵横，2009，38（2）：185.

[52]薛红艳，刘有奇.高职化学教学中的素质教育探讨[J].职业时空，2011，7（1）：49-50.

[53]陈学姝.高职化学教学中科学素养的培养[J].网络财富，2009（17）：74.

[54]尹瑞瑕.论在高职化学教学中渗透素质教育[J].中国市场，2016（2）：175-176.

[55]周利平.高职化学教学中渗透素质教育之我见[J].留学生，2016（2）：151-152.

[56]刘吉和.高职化学教学中科学素质教育的思考[J].兰州学刊，2008（2）：183-184.

[57]阮丽红.浅谈高职化学教学中的素质教育[J].现代经济信息，2008（10）：166-167.

[58]乌仁其其格.高职化学教学中的素质教育研究[J].中国校外教育：美术，2013（3）：106.

[59]常华.高职化学教学中培养学生创新精神的探讨[J].科学与财富，2014（6）：36.

[60]斯琴图.浅谈高职院校化学教学中的创新[J].都市家教月刊，2014（7）：37.

[61]王晓安.如何在高职院校化学教学中培养学生的创新能力[J].科技资讯，2013（34）：187.

[62]郭英敏.高职化学教学中学生创新能力的培养[J].职业技术教育：教学版，2005，26（35）：142.

[63]龚雨茂.高职化学教学中培养学生创新思维的途径[J].考试周刊，2014（23）：133-134.

[64]张帆，边龙龙，杜冰.浅析高职院校化学教育发展策略[J].青年时代，2013（20）：65-66.

[65]严竹青.论高职化学教学中可持续发展教育[J].职业技术，2006（10）：90-91.

[66]赵素萍.高职化学教学中学生思维能力的培养[J].漯河职业技术学院学报，2010，9（2）：103-104.

[67]宋雪华.谈高职化学中的创新精神[J].科技信息：学术版，2008（29）：531-532.

[68]胡爱萍.化学教学中的创新性探究[J].开封教育学院学报，2008，28（4）：126.